上海市工程建设规范

建设工程电子招标投标数据标准

Data standard of electronic bidding documents for construction engineering

DG/TJ 08—2375—2021

J 16040～16043—2021

主编单位:上海市建设工程交易服务中心

上海市建设工程招标投标管理办公室

批准部门:上海市住房和城乡建设管理委员会

施行日期:2021 年 12 月 1 日

同济大学出版社

2022 上海

图书在版编目(CIP)数据

建设工程电子招标投标数据标准 / 上海市建设工程交易服务中心，上海市建设工程招标投标管理办公室主编. —上海：同济大学出版社，2022.3

ISBN 978-7-5765-0129-2

Ⅰ.①建… Ⅱ.①上… ②上… Ⅲ.①建筑工程－招标－标准－上海②建筑工程－投标－标准－上海 Ⅳ.①TU723.2-65

中国版本图书馆 CIP 数据核字(2022)第 005367 号

建设工程电子招标投标数据标准

上海市建设工程交易服务中心
上海市建设工程招标投标管理办公室 **主编**

责任编辑 朱 勇
责任校对 徐春莲
封面设计 陈益平

出版发行 同济大学出版社 www.tongjipress.com.cn
（地址：上海市四平路 1239 号 邮编：200092 电话：021 - 65985622）
经 销 全国各地新华书店
印 刷 浦江求真印务有限公司
开 本 889mm×1194mm 1/32
印 张 3.875
字 数 104 000
版 次 2022 年 3 月第 1 版 2022 年 3 月第 1 次印刷
书 号 ISBN 978-7-5765-0129-2
定 价 40.00 元

上海市住房和城乡建设管理委员会文件

沪建标定〔2021〕383号

上海市住房和城乡建设管理委员会
关于批准《建设工程电子招标投标数据标准》
为上海市工程建设规范的通知

各有关单位：

由上海市建设工程交易服务中心、上海市建设工程招标投标管理办公室主编的《建设工程电子招标投标数据标准》，经我委审核，现批准为上海市工程建设规范，统一编号为：《建设工程电子招标投标数据标准（工程勘察分册）》DG/TJ 08—2375A—2021，《建设工程电子招标投标数据标准（工程设计分册）》DG/TJ 08—2375B—2021，《建设工程电子招标投标数据标准（工程施工分册）》DG/TJ 08—2375C—2021，《建设工程电子招标投标数据标准（工程监理分册）》DG/TJ 08—2375D—2021，自2021年12月1日起实施。

本规范由上海市住房和城乡建设管理委员会负责管理，上海市建设工程交易服务中心负责解释。

特此通知。

上海市住房和城乡建设管理委员会

二〇二一年六月十一日

前言

根据上海市住房和城乡建设管理委员会《关于印发〈2017年上海市工程建设规范编制计划〉的通知》(沪建标定〔2016〕1076号)的要求,由上海市建设工程交易服务中心、上海市建设工程招标投标管理办公室会同有关单位,进行了广泛调查研究,认真总结实践经验,参考相关国家标准,并在充分征求意见的基础上,制定了本标准。

本标准共4个分册,分别为工程勘察分册、工程设计分册、工程施工分册和工程监理分册。

本标准的附录发布于上海市建设工程交易服务中心网站(网址:http://www.shcpe.cn),不定期更新。

在本标准执行过程中,请各单位及相关人员结合应用实践,认真总结经验,并将意见和建议反馈至上海市住房和城乡建设管理委员会(地址:上海市大沽路100号;邮编:200003;E-mail:shjsbzgl@163.com),上海市建设工程交易服务中心(地址:上海市小木桥路683号;邮编:200032;E-mail:ztb@ciac.sh.cn),上海市建设工程招标投标管理办公室(地址:上海市小木桥路683号;邮编:200032;E-mail:shgcbz@163.com),以供今后修订时参考。

[工程勘察分册]

主编单位: 上海市建设工程交易服务中心
上海市建设工程招标投标管理办公室

参编单位: 上海同济工程咨询有限公司
上海百通项目管理咨询有限公司
上海勘察设计研究院(集团)有限公司

主要起草人: 吴一伟　马　燕　陈定力　顾勤华　徐英波

冯　春　周宏根　袁淑慧　许　奇　戴学锋
杨卫东　李　轩　罗洋静　喻思瑶　顾　超
陈佳燕　袁　超　杨伟国　金宗川

主要审查人:罗明廉　郑晓阳　辛　伟　陈　强　金　翔
贡　斌　王大年　朱　坚　梁鸿远

[工程设计分册]

主编单位:上海市建设工程交易服务中心
上海市建设工程招标投标管理办公室

参编单位:上海同济工程咨询有限公司
上海容基工程项目管理有限公司
华建集团华东都市建筑设计研究总院

主要起草人:吴一伟　李　阳　陈定力　顾勤华　徐英波
袁淑慧　周宏根　钱承浩　叶冬梅　杨　瑛
吴　昕　杨卫东　李　轩　罗洋静　喻思瑶
顾耀明　周海峰　金　晶　王文治　定　静

主要审查人:罗明廉　郑晓阳　辛　伟　陈　强　金　翔
贡　斌　王大年　朱　坚　梁鸿远

[工程施工分册]

主编单位:上海市建设工程交易服务中心
上海市建设工程招标投标管理办公室

参编单位:上海同济工程咨询有限公司
上海百通项目管理咨询有限公司

主要起草人:吴一伟　马　燕　陈定力　袁淑慧　张　毅
钱智勇　徐英波　冯　春　周宏根　曹正樑
王全红　薛　路　李　浩　杨卫东　李　轩
罗洋静　陶　陶　喻思瑶　王　晋　张英霞
杨　毅

主要审查人:罗明廉　郑晓阳　辛　伟　陈　强　金　翔
贡　斌　王大年　朱　坚　梁鸿远

［工程监理分册］

主编单位:上海市建设工程交易服务中心
上海市建设工程招标投标管理办公室

参编单位:上海同济工程咨询有限公司
上海百通项目管理咨询有限公司
上海容基工程项目管理有限公司

主要起草人:吴一伟　李　阳　陈定力　钱智勇　张　毅
钱承浩　袁淑慧　冯　春　徐英波　袁　英
曹正樑　周宏根　王晶磊　杨卫东　李　轩
罗洋静　喻思瑶　陈　默　王　晋　朱树波
黄凌波　张　霖　顾耀明

主要审查人:罗明廉　郑晓阳　辛　伟　陈　强　金　翔
贡　斌　王大年　朱　坚　梁鸿远

上海市建筑建材业市场管理总站

目　次

建设工程电子招标投标数据标准(工程施工分册)

建设工程电子招标投标数据标准(工程监理分册)

Contents

Data standard of electronic bidding documents for construction engineering (Engineering construction)

Data standard of electronic bidding documents for construction engineering (Construction supervision)

上海市工程建设规范

建设工程电子招标投标数据标准
(工程勘察分册)

Data standard of electronic bidding documents for construction engineering

Engineering investigation and survey

DG/TJ 08—2375A—2021

J 16040—2021

2022 上海

1 总 则

1.0.1 为规范本市建设工程电子招标投标交易平台的建设和运行，统一电子招标、投标文件数据标准，实现编制工具产生的电子招标、投标文件与本市建设工程勘察电子招标投标交易系统（以下简称“勘察招标交易系统”）之间交换和共享，制定本标准。

1.0.2 本标准适用于与勘察招标交易系统进行数据交换的勘察招标文件、投标文件等电子数据文件的编制。

1.0.3 本市建设工程勘察电子数据文件均应采用可扩展标记语言（XML）文件格式编制，遵守本标准第4章的要求。

1.0.4 本市建设工程勘察电子招标文件的电子数据内容除应符合本标准外，尚应符合国家、行业和本市现行有关标准的规定。

2 术 语

2.0.1 便携文档格式 portable document format，PDF

又称可移植文档格式，是一种用独立于应用程序、硬件、操作系统的方式呈现文档的文件格式。

2.0.2 工程勘察 engineering investigation and survey

根据工程的要求，查明、分析、评价建设场地的地质地理环境特征和岩土工程条件，编制工程勘察文件的活动。

2.0.3 勘察电子招标文件 engineering investigation and survey electronic bidding documents

招标人或招标代理机构编制的，符合本标准要求的，用于勘察招标系统中招标公告发布、投标文件编制、开标和评标等活动的招标数据文件。

2.0.4 勘察电子投标文件 engineering investigation and survey electronic tender documents

投标人编制的，符合本标准要求的，用于开标、评标等活动的投标数据文件。

2.0.5 可扩展标记语言 extensible markup language，XML

是一种标记语言。标记语言是使用一系列标记在计算机数字文档中进行文本描述的语言。XML 常用于数据的存储和传输。

2.0.6 XSD 语言 XML schema definition language

是一种 XML Schema 语言，它使用 XML 语言的词汇，为描述 XML 文件结构和约束 XML 文件内容提供了工具。XSD 语言应符合万维网联盟（W3C）标准《XML Schema Definition Language (XSD) 1.1 Part 1：Structures》和《XML Schema Definition Language

(XSD) 1.1 Part 2：Datatypes》的规定。

2.0.7 XSD文件 XSD file

是后缀名为“.xsd”的文件，用于定义XML文档中可以出现的元素（elements）和属性（attributes）。

2.0.8 ZIP文件格式 ZIP file format

是一种数据压缩和文档储存的文件格式，使用“zip”为扩展名。

2.0.9 元素 element

XML元素可以定义为XML的构建块。元素可以充当容器来保存文本、元素、属性或媒体对象等。每个XML文件都包含一个或多个元素，其范围由开始和结束标签界定；对于空元素，则由一个空元素标签界定。

2.0.10 属性 attribute

是XML Schema中定义的属性。XML属性通常用于描述XML元素，或提供有关元素的信息。

2.0.11 8位元Unicode传输格式 8-bit unicode transformation format，UTF-8

是针对Unicode的一种可变长度字符编码。

3 基本规定

3.0.1 本标准使用 XML1.0 版本，应采用 UTF-8 编码描述建设工程电子招标投标数据。

3.0.2 本标准的元素、属性名称命名应采用统一的中文命名。

3.0.3 本标准的数据格式由数据元素名称、说明、关系图、属性定义表、注等内容组成。除 XML 文件宜符合本标准中数据格式规定外，亦应符合下列规定：

1 XML 数据文件应以“〈?xml version="1.0" encoding="utf-8"?〉”字符串作为文件头，创建文档时，应采用 UTF-8 代码格式创建。

2 XML 定义的备注中写明参考数据字典的，应按照对应数据字典列出的内容规范填写。

3 PDF 格式文件应符合现行国家标准《文献管理　长期保存的电子文档文件格式　第 1 部分：PDF1.4（PDF/A-1）的使用》GB/T 23286.1 的要求。

4 在招标投标文件中上传的每张图片大小应限制在 250 KB 以内。

3.0.4 勘察电子招标投标文件组成应符合招标投标监管部门发布的模板文件要求，文件格式应符合招标投标监管部门发布的结构与定义要求。

3.0.5 招标项目编号应为按规则形成的由数字和字母组成的招标项目唯一编号。

3.0.6 勘察电子招标文件（文件夹）的组成与命名应符合下列规定：

1 勘察电子招标文件应为一个采用 ZIP 格式压缩的数据文件，内容应包含勘察电子招标 XML 数据文件、勘察电子招标 PDF

正文、勘察电子投标 XML 数据格式文件和附件 PDF 文件(如有)。勘察电子招标文件(文件夹)的结构应符合图 3.0.6 的规定。

2 勘察电子招标文件的文件名命名规则应为“招标项目编号”+“ZB”,扩展名为“AZB”。

3 勘察电子招标 XML 数据文件的文件名应为“招标项目编号”+“ZB”,扩展名为“xml”。

4 招标人应按照现行的上海市建设工程勘察电子招标应用文本编制勘察电子招标 PDF 文件。勘察电子招标 PDF 文件的文件名应为“招标项目编号”+“ZB”,扩展名为“pdf”。

5 勘察电子投标 XML 数据格式文件是由招标人通过编制工具形成的、需由投标人响应的初始数据文件。勘察电子投标 XML 数据格式文件的文件名应为“招标项目编号”+“TBGS”,扩展名为“xml”。

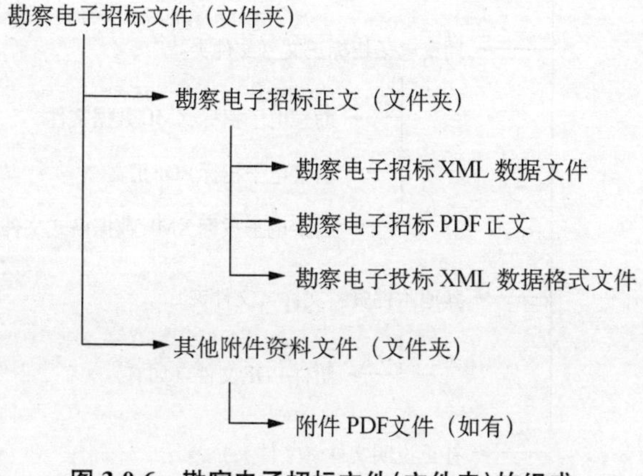

图 3.0.6 勘察电子招标文件(文件夹)的组成

6 附件 PDF 文件是指招标人根据招标需要提供发布的 PDF 格式的图纸等附件资料文件。招标人可提供多个不同的附件 PDF 文件,存放到文件夹“其他附件资料文件”中。勘察电子招标 XML 文件中应记录所有附件 PDF 文件的名称及路径。附件 PDF 文件的文件名由招标人自行命名，命名应能体现文件的内容和用途，扩展名为“pdf”。

3.0.7 补充勘察电子招标文件(文件夹)的组成与命名应符合下列规定：

1 补充勘察电子招标文件应为一个采用 ZIP 格式压缩的数据文件，内容包含已补正的勘察电子招标文件，以及增加的补正说明 PDF 文件。补充勘察电子招标文件(文件夹)的结构应符合图 3.0.7 的规定。

2 补充勘察电子招标文件的文件名命名规则应为“招标项目编号”+“ZB”，扩展名为“AZB”。

3 补正说明 PDF 文件是列明招标人对于勘察电子招标 PDF 正文补正内容的文件。

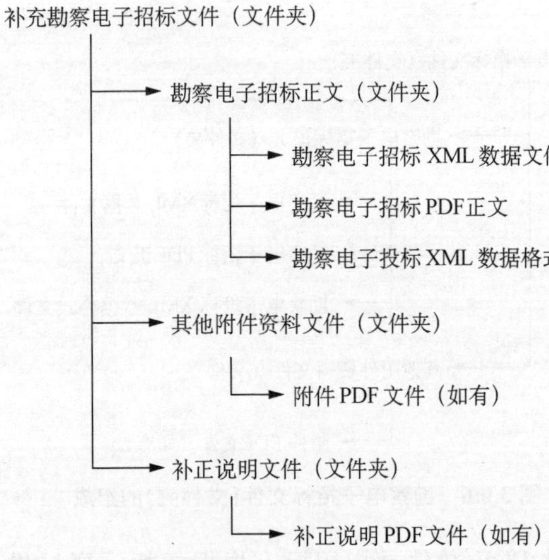

图 3.0.7 补充勘察电子招标文件(文件夹)的组成

3.0.8 勘察电子投标文件(文件夹)的组成与命名应符合下列规定：

1 勘察电子投标文件应为一个采用 ZIP 格式压缩的数据文件，内容应包含勘察电子投标 XML 数据文件、勘察电子投标 PDF 正文和附件 PDF 文件（如有）。压缩文件大小应限制在 50 MB 以内。勘察电子投标文件（文件夹）的结构应符合图 3.0.8 的规定。

2 勘察电子投标文件的文件名命名规则应为“招标项目编号”＋“TB”，扩展名为“ATB”。

3 勘察电子投标 XML 数据文件是 XML 格式的勘察投标数据文件。勘察电子投标 XML 数据文件的文件名应为“招标项目编号”＋“TB”，扩展名为“xml”。

4 编制工具应按照现行的上海市建设工程勘察电子投标应用文本编制勘察电子投标 PDF 文件。勘察电子投标 PDF 文件的文件名应为“招标项目编号”＋“TB”，扩展名为“pdf”。PDF 文件大小应限制在 50 MB 以内。

5 附件 PDF 文件是指投标人编制投标文件需要提供的附件资料 PDF 文件，可以有多个附件 PDF 文件。勘察电子投标 XML 文件中应记录所有附件 PDF 文件的名称及路径。文件名由投标人自行命名，命名应能体现文件的内容和用途，扩展名为“pdf”。

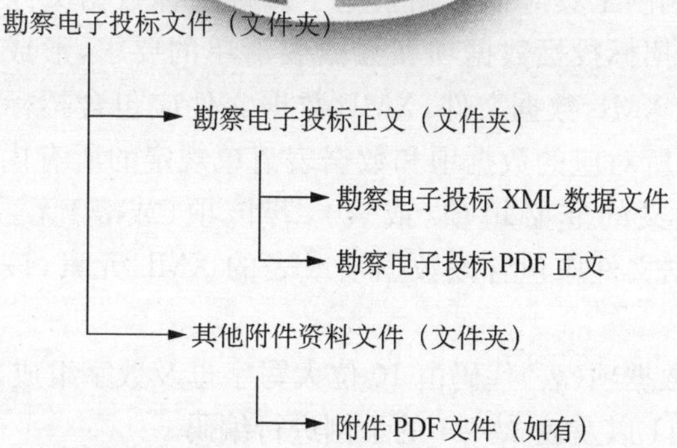

图 3.0.8 勘察电子投标文件(文件夹)的组成

3.0.9 上海市建设工程勘察电子招标投标文件的版本号应符合下列规定：

1 上海市建设工程勘察电子招标投标数据文件标准 XSD 文件的版本号编制的基本格式应为“VerX. X-YYYY”，其中“VerX.X”为 XSD 结构版本顺序码，“YYYY”为发布年份。本版标准发布时 XSD 文件初始版本号为“Ver1.0-2020”。

2 上海市建设工程勘察电子招标投标应用文本模板文件的版本号编制的基本格式应为“A-XX-VerX-YYYY”，其中“A”为招标类型编码，表示勘察；在勘察电子招标投标中，“XX”的值固定为 01；“VerX”为同一招标类型文本标准的版本顺序码；“YYYY”为发布年份。上海市建设工程勘察电子招标投标应用文本模板初始版本号为“A-01-Ver1-2020”。

3 上海市建设工程勘察电子招标投标文件数据标准的版本号编制的基本格式应为“A-VerM.N-YYYY”，其中“A”为招标类型编码，表示勘察。“VerM.N”为同一招标类型文本标准的版本顺序码。若新增勘察电子招标投标工程类型章节，则为 M 号加 1，若未新增勘察电子招标投标类型章节，则为 N 号加 1；“YYYY”为发布年份。本版标准发布时初始版本号为“A-Ver1.0-2020”。

3.0.10 编制工具应依据勘察电子招标投标数据文件标准 XSD 文件以及招标投标数据项和数据表清单的要求，形成完整的招标和投标 XML 数据文件，XML 数据文件应包含招标投标应用文本模板所对应的数据项和数据表清单规定的所有内容。对于清单中定义的非必填项（或表），若该项（或表）无数据内容，XML 数据文件应包含该数据项或表的 XML 元素，该元素的值为空。

3.0.11 数据项（表）代码由 10 位大写字母及数字组成，结构应按照图 3.0.11 以及表 3.0.11 的示例进行编码。

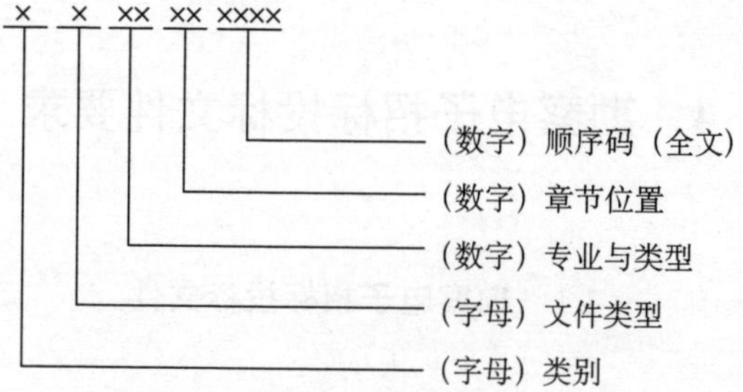

图 3.0.11 数据项(表)代码示意图

表 3.0.11 数据项(表)代码示意表

数据项(表)代码					各项名称及含义	说明
类别	文件类型	专业与类型	章节位置	顺序码		
A					勘察	A:勘察;B:设计;C:施工;F:监理
	Z				招标	Z:招标;T:投标;P:评标办法
		01			工程勘察	这里 01 为固定值,表示工程勘察
			02		第 2 章	00:封面;01:第一章;02:第二章……
				0001	顺序码	顺序码从 0001 开始

3.0.12 招标投标 PDF 文件文档目录的结构应与对应的应用文本的目录结构一致。PDF 文档中的目录应以书签形式添加,并且与 PDF 正文中对应的页码建立关系。目录中的各项内容应与应用文本目录中的各项内容保持一致。

3.0.13 数据项的数据类型应符合 XSD 语言的规定。

4 勘察电子招标投标文件要求

4.1 勘察电子招标投标文件

4.1.1 根元素“勘察电子招标投标文件”的属性中，XSD 版本号、标准文本版本号、应用文本版本号、软件公司名称、CPU 序列号、网卡 MAC 号、硬盘序列号、文件生成时间、文件类型、招标类型应为必填项，子元素中正文应为必填项，元素定义应符合表 4.1.1 的规定。图 4.1.1 为勘察电子招标投标 XML 数据文件中子元素之间的关系示意图。

表 4.1.1 勘察电子招标投标文件子元素说明

序号	名称	元素类型	数据类型	唯一	必填	长度	备注
1	XSD 版本号	Attribute	string		必填	20	详见 3.0.9 定义
2	标准文本版本号	Attribute	string		必填	20	该项为数据标准的版本号。详见 3.0.9 定义
3	应用文本版本号	Attribute	string		必填	20	详见 3.0.9 定义
4	软件公司名称	Attribute	string		必填	100	
5	CPU 序列号	Attribute	string		必填	500	
6	网卡 MAC 号	Attribute	string		必填	500	
7	硬盘序列号	Attribute	string		必填	500	
8	文件生成时间	Attribute	dateTime		必填		YYYY-MM-DDThh:mm:ss
9	文件类型	Attribute	string		必填	20	枚举:招标、投标

续表4.1.1

序号	名称	元素类型	数据类型	唯一	必填	长度	备注
10	招标类型	Attribute	string		必填	20	枚举:勘察、设计、施工、监理
11	正文	Element			必填		

注:空白处不作要求。

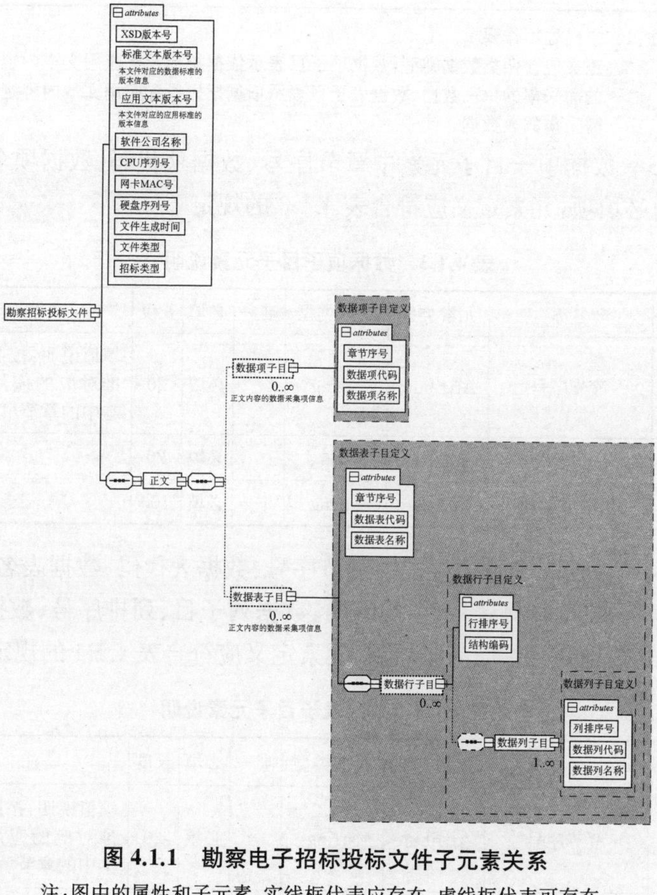

图 4.1.1 勘察电子招标投标文件子元素关系

注:图中的属性和子元素,实线框代表应存在,虚线框代表可存在。

4.1.2 正文子元素中数据项子目以及数据表子目应为必填项，元素定义应符合表 4.1.2 的规定。

表 4.1.2 正文子元素说明

序号	名称	元素类型	数据类型	唯一	必填	长度	备注
1	数据项子目	Element			必填		
2	数据表子目	Element			必填		

注：1 空白处不作要求。
2 正文包含两类数据类型，数据项子目表示依据招标投标应用文本内容定义的需采集的单一数据，数据表子目表示依据招标投标应用文本内容定义的需采集的表数据。

4.1.3 数据项子目子元素中章节序号、数据项代码、数据项名称应为必填项，元素定义应符合表 4.1.3 的规定。

表 4.1.3 数据项子目子元素说明

序号	名称	元素类型	数据类型	唯一	必填	长度	备注
1	章节序号	Attribute	string		必填	20	填值说明：按照标准对应的应用文本中的章节填写
2	数据项代码	Attribute	string		必填	20	
3	数据项名称	Attribute	string		必填	100	

4.1.4 数据表子目子元素中章节序号、数据表代码、数据表名称、数据行子目、行排序号、结构编码、数据列子目、列排序号、数据列代码、数据列名称应为必填项，元素定义应符合表 4.1.4 的规定。

表 4.1.4 数据表子目子元素说明

序号	名称	元素类型	数据类型	唯一	必填	长度	备注
1	章节序号	Attribute	string		必填	20	填值说明：按照标准对应的应用文本中的章节填写
2	数据表代码	Attribute	string		必填	20	

续表4.1.4

序号	名称	元素类型	数据类型	唯一	必填	长度	备注
3	数据表名称	Attribute	string		必填	100	
4	数据行子目	Element			必填		
5	行排序号	Attribute	int	是	必填		填值说明：同一数据表子目下的行的顺序号，从1开始编制
6	结构编码	Attribute	string	是	必填	20	填值说明：同一数据表子目数据表现为树形结构时的结构编码行，编制规则为3位长度为一层。如：行的结构编码为"001""001001""001002""002"，"001"与"002"为同层行，"001001"与"001002"为"001"的子行
7	数据列子目	Element			必填		
8	列排序号	Attribute	int	是	必填		填值说明：同一数据行子目下的列的顺序号，按照各表所列排序号填写
9	数据列代码	Attribute	string	是	必填	20	填值说明：按照各表所列数据列代码填写，与数据列名称保持一致
10	数据列名称	Attribute	string	是	必填	100	填值说明：按照各表所列数据列名称填写，与数据列代码保持一致

4.1.5 勘察电子招标投标文件数据项和数据表清单应符合附录 B 中的规定。

4.2 勘察评标办法文件

4.2.1 勘察评标办法文件 XSD 定义应符合第 4.1.2 条的要求，包含数据项子目和数据表子目。图 4.2.1 为勘察评标办法 XML 数据文件中子元素之间的关系示意图。

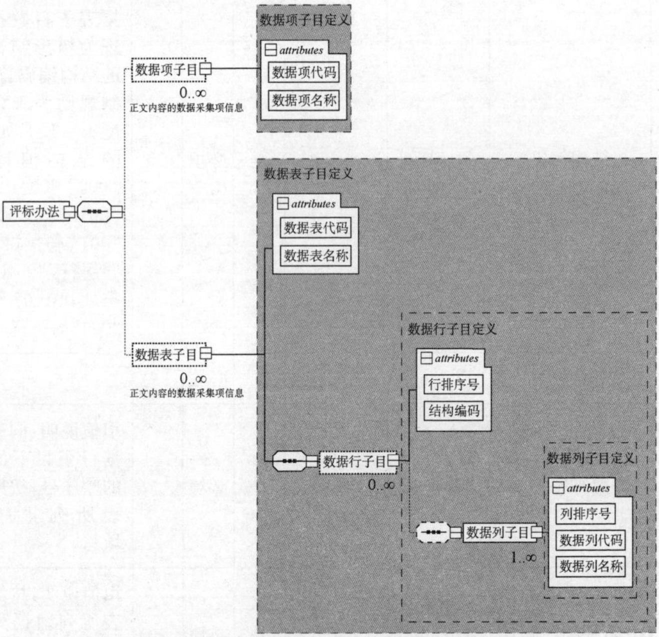

图 4.2.1 勘察评标办法文件子元素关系

注：图中的属性和子元素，实线框代表应存在，虚线框代表可存在。

4.2.2 数据项和数据表清单应符合附录 B 中勘察电子招标文件中评标办法文本生成说明及数据标准中的规定。

4.3 文件应用规则

4.3.1 勘察电子招标 PDF 正文应与勘察电子招标 XML 数据文件中对应内容保持一致。

4.3.2 招标文件如有补正，应发布补充勘察电子招标文件。补充勘察电子招标文件应包括已补正的完整勘察电子招标文件及补正内容说明，补正内容说明存放在补正说明文件夹中。

4.3.3 勘察电子投标 PDF 正文应与勘察电子投标 XML 数据文件中对应内容保持一致。

本标准用词说明

1　为便于在执行本标准条文时区别对待，对要求严格程度不同的用词说明如下：

1）表示很严格，非这样做不可的用词：
正面词采用“必须”；
反面词采用“严禁”。

2）表示严格，在正常情况下均应这样做的用词：
正面词采用“应”；
反面词采用“不应”或“不得”。

3）表示允许稍有选择，在条件许可时首先应这样做的用词：
正面词采用“宜”；
反面词采用“不宜”。

4）表示有选择，在一定条件下可以这样做的用词，采用“可”。

2　条文中指明应按其他有关标准执行的写法为：“应符合……的规定”或“应按……执行”。

引用标准名录

1 《文献管理　长期保存的电子文档文件格式　第1部分：PDF1.4(PDF/A-1)的使用》GB/T 23286.1

上海市工程建设规范

建设工程电子招标投标文件数据标准
（工程勘察分册）

DG/TJ 08—2375A—2021

J 16040—2021

条 文 说 明

2022 上海

1 总 则

1.0.1 本条阐述了制定本标准的目的和意义:规范建设工程勘察招标投标电子数据格式,统一不同电子招标投标文件编制工具的数据输出形式及内容定义,倡导信息公开、数据共享、营造公平开放市场,提高交易服务水平和效率,促进勘察电子招标投标数据的积累、共享、交换等应用。

1.0.2 本条阐述了本标准的适用范围:编制勘察电子招标文件和投标文件等文件的行为应依据本标准。

1.0.4 电子招标投标活动除应符合国家、行业及本市现行有关标准的规定外,也必须符合法律、法规、规章和相关规范性文件要求,包括但不限于:《中华人民共和国招标投标法》《中华人民共和国招标投标法实施条例》《电子招标投标办法》及《上海市建设工程招标投标管理办法》等。

3 基本规定

3.0.1～3.0.3 对 XML 的编码要求、数据项的命名以及 XML 数据格式进行了规定。

3.0.4 对本市勘察电子招标投标文件组成进行了规定。勘察招标投标应使用相应的招标应用文本和投标应用文本作为招标文件和投标文件的模板。

3.0.5 对项目编码规则进行了规定。规则为“报建编号”＋“标段号”。例:报建编号为“1501KQ0008”,标段为“A01”,招标项目编号为“1501KQ0008A01”。

3.0.6 对本市勘察电子招标文件(文件夹)的组成进行了规定。勘察电子招标 XML 数据文件和勘察电子投标 XML 数据格式文件应以“附录 A 上海市建设工程勘察电子招标投标 XML 数据文件标准.xsd”形成的 XML 文件为模板进行编制,文件格式应符合“附录 A 上海市建设工程勘察电子招标投标 XML 数据文件标准.xsd”的结构和定义。本条还对本市勘察电子招标文件的命名规则进行了规定。例:如果招标项目编号为“1501KQ0008A01”,那么勘察电子招标文件名应为“1501KQ0008A01ZB.AZB”,勘察电子招标 XML 数据文件的文件名应为“1501KQ0008A01ZB.xml”,勘察电子招标 PDF 文件的文件名应为“1501KQ0008A01ZB.pdf”,勘察电子投标 XML 数据格式文件的文件名应为“1501KQ0008A01TBGS.xml”;如果附件 PDF 文件资料为项目总平面图,那么其文件名应为“总平面图.pdf”,文件路径应为“其他附件资料文件\总平面图.pdf”。

3.0.7 对本市补充勘察电子招标文件(文件夹)的组成进行了规定,并规定了补充文件的命名规则。例:如果招标项目编号为“1501KQ0008A01”,那么补充勘察电子招标文件的文件名应为

“1501KQ0008A01ZB.AZB”;如果补正说明 PDF 文件的文件名为“第一次补充招标文件说明.pdf”,那么文件路径应为“补正说明文件\第一次补充招标文件说明.pdf”。

3.0.8 对本市勘察电子投标文件(文件夹)的组成进行了规定。勘察电子投标 XML 数据文件应以勘察电子招标文件(及补充勘察电子招标文件)中的“勘察电子投标 XML 数据格式文件”(如:1501KQ0008A01TBGS.xml)为模板进行编制,文件格式应符合“附录 A 上海市建设工程勘察电子招标投标 XML 数据文件标准.xsd”的结构和定义。勘察电子投标 PDF 正文应符合相应的勘察电子投标应用文本的格式要求。本条还对本市勘察电子投标文件的命名规则进行了规定。例:如果招标项目编号为“1501KQ0008A01”,那么勘察电子投标文件的文件名应为“1501KQ0008A01TB.ATB”,勘察电子投标 XML 数据文件的文件名应为“1501KQ0008A01TB.xml”,勘察电子投标 PDF 文件的文件名应为“1501KQ0008A01TB.pdf”;附件 PDF 文件资料若为项目现场平面布置图,那么其文件名应为“现场平面布置图.pdf”,文件路径应为“其他附件资料文件\现场平面布置图.pdf”。

4 勘察电子招标投标文件要求

4.3 文件应用规则

4.3.3 如勘察电子招标 PDF 正文、勘察电子投标 PDF 正文与其对应的 XML 数据文件不一致，则应以 XML 数据文件为准。

上海市工程建设规范

建设工程电子招标投标数据标准
（工程设计分册）

Data standard of electronic bidding documents for construction engineering

Engineering design

DG/TJ 08—2375B—2021

J 16041—2021

2022 上海

1 总 则

1.0.1 为规范本市建设工程电子招标投标交易平台的建设和运行，统一电子招标、投标文件数据标准，实现编制工具产生的电子招标、投标文件与本市建设工程设计电子招标投标交易系统（以下简称"设计招标交易系统"）之间交换和共享，制定本标准。

1.0.2 本标准适用于与设计招标交易系统进行数据交换的设计招标文件、投标文件等电子数据文件的编制。

1.0.3 本市建设工程设计电子数据文件均应采用可扩展标记语言（XML）文件格式编制，遵守本标准第4章的要求。

1.0.4 本市建设工程设计电子招标文件的电子数据内容除应符合本标准外，尚应符合国家、行业和本市现行有关标准的规定。

2 术 语

2.0.1 便携文档格式 portable document format, PDF

又称可移植文档格式,是一种用独立于应用程序、硬件、操作系统的方式呈现文档的文件格式。

2.0.2 工程设计 engineering design

根据工程的要求,对工程所需的技术、经济、资源、环境等条件进行综合分析、论证,编制工程设计文件的活动。

2.0.3 设计电子招标文件 engineering design electronic bidding documents

招标人或招标代理机构编制的,符合本标准要求的,用于设计招标系统中招标公告发布、投标文件编制、开标和评标等活动的招标数据文件。

2.0.4 设计电子投标文件 engineering design electronic tenderdocuments

投标人编制的,符合本标准要求的,用于开标、评标等活动的投标数据文件。

2.0.5 可扩展标记语言 extensible markup language, XML

是一种标记语言。标记语言是使用一系列标记在计算机数字文档中进行文本描述的语言。XML 常用于数据的存储和传输。

2.0.6 XSD 语言 XML schema definition language

是一种 XML Schema 语言,它使用 XML 语言的词汇,为描述 XML 文件结构和约束 XML 文件内容提供了工具。XSD 语言应符合万维网联盟(W3C)标准《XML Schema Definition Language (XSD) 1.1 Part 1: Structures》和《XML Schema Definition Language

(XSD) 1.1 Part 2：Datatypes》的规定。

2.0.7 XSD 文件 XSD file

是后缀名为".xsd"的文件，用于定义 XML 文档中可以出现的元素(elements)和属性(attributes)。

2.0.8 ZIP 文件格式 ZIP file format

是一种数据压缩和文档储存的文件格式，使用"zip"为扩展名。

2.0.9 元素 element

XML 元素可以定义为 XML 的构建块。元素可以充当容器来保存文本、元素、属性或媒体对象等。每个 XML 文件都包含一个或多个元素，其范围由开始和结束标签界定；对于空元素，则由一个空元素标签界定。

2.0.10 属性 attribute

是 XML Schema 中定义的属性。XML 属性通常用于描述 XML 元素，或提供有关元素的信息。

2.0.11 8 位元 Unicode 传输格式 8-bit unicode transformation format UTF-8

是针对 Unicode 的一种可变长度字符编码。

3 基本规定

3.0.1 本标准使用 XML1.0 版本，应采用 UTF-8 编码描述建设工程电子招标投标数据。

3.0.2 本标准的元素、属性名称命名应采用统一的中文命名。

3.0.3 本标准的数据格式由数据元素名称、说明、关系图、属性定义表、注等内容组成，除 XML 文件宜符合本标准中数据格式规定外，亦应符合下列规定：

1 XML 数据文件应以“〈?xml version = "1.0" encoding = "utf-8"?〉”字符串作为文件头，创建文档时，应采用 UTF-8 代码格式创建。

2 XML 定义的备注中写明参考数据字典的，应按照对应数据字典列出的内容规范填写。

3 PDF 格式文件应符合现行国家标准《文献管理　长期保存的电子文档文件格式　第 1 部分：PDF1.4（PDF/A-1）的使用》GB/T 23286.1 的要求。

4 在招标投标文件中上传的每张图片大小应限制在 250 KB 以内。

3.0.4 设计电子招标投标文件组成应符合招标投标监管部门发布的模板文件要求，文件格式应符合招标投标监管部门发布的结构与定义要求。

3.0.5 招标项目编号应为按规则形成的由数字和字母组成的招标项目唯一编号。

3.0.6 设计电子招标文件（文件夹）的组成与命名应符合下列规定：

1 设计电子招标文件应为一个采用 ZIP 格式压缩的数据文件，内容应包含设计电子招标 XML 数据文件、设计电子招标 PDF

正文、设计电子投标XML数据格式文件和附件PDF文件(如有)。设计电子招标文件(文件夹)的结构应符合图3.0.6的规定。

2 设计电子招标文件的文件名命名规则应为“招标项目编号”+“ZB”,扩展名为“BZB”。

3 设计电子招标XML数据文件的文件名应为“招标项目编号”+“ZB”,扩展名为“xml”。

4 招标人应按照现行的上海市建设工程设计电子招标应用文本编制设计电子招标PDF正文。设计电子招标PDF文件的文件名应为“招标项目编号”+“ZB”,扩展名为“pdf”。

5 设计电子投标XML数据格式文件是由招标人通过编制工具形成的,需由投标人响应的初始数据文件。设计电子投标XML数据格式文件的文件名应为“招标项目编号”+“TBGS”,扩展名为“xml”。

6 附件PDF文件是指招标人根据招标需要提供发布的PDF格式的图纸等附件资料文件。招标人可提供多个不同的附件PDF文件,存放到文件夹“其他附件资料文件”中。设计电子招标XML文件中应记录所有附件PDF文件的名称及路径。附件PDF文件的文件名由招标人自行命名,命名应能体现文件的内容和用途,扩展名为“pdf”。

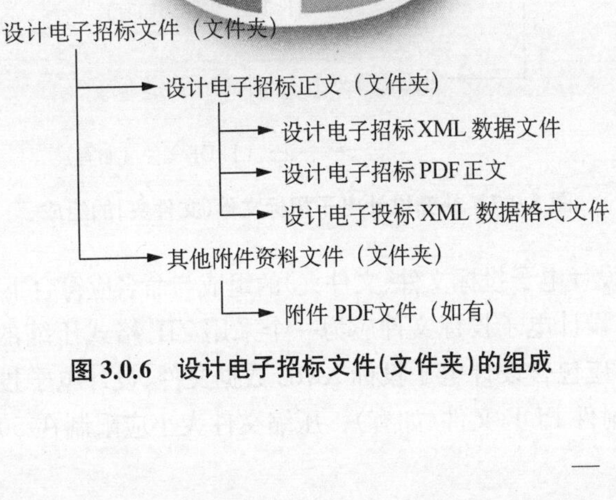

图3.0.6 设计电子招标文件(文件夹)的组成

3.0.7 补充设计电子招标文件(文件夹)的组成与命名应符合下列规定:

1 补充设计电子招标文件应为一个采用 ZIP 格式压缩的数据文件,内容包含已补正的设计电子招标文件,以及增加的补正说明 PDF 文件。补充设计电子招标文件(文件夹)的结构应符合图 3.0.7 的规定。

2 补充设计电子招标文件的文件名命名规则应为“招标项目编号”+“ZB”,扩展名为“BZB”。

3 补正说明 PDF 文件是列明招标人对于设计电子招标 PDF 正文补正内容的文件。

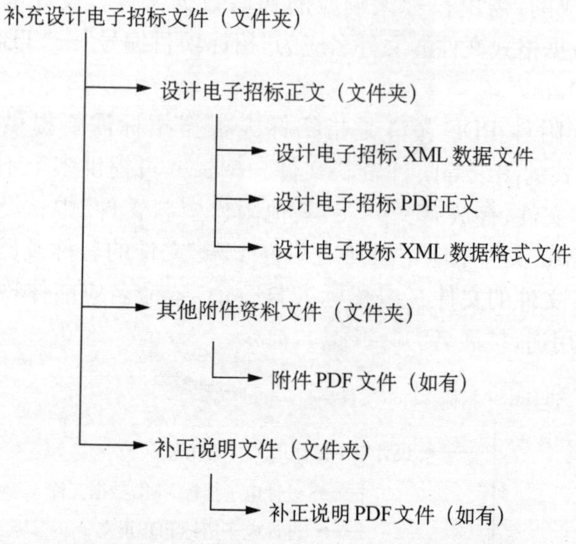

图 3.0.7 补充设计电子招标文件(文件夹)的组成

3.0.8 设计电子投标文件(文件夹)的组成与命名应符合下列规定:

1 设计电子投标文件应为一个采用 ZIP 格式压缩的数据文件,内容应包含设计电子投标 XML 数据文件、设计电子投标 PDF 正文和附件 PDF 文件(如有)。压缩文件大小应限制在 50 MB 以内。设计电子投标文件(文件夹)的结构应符合图3.0.8的规定。

2 设计电子投标文件的文件名命名规则应为"招标项目编号"+"TB",扩展名为"BTB"。

3 设计电子投标XML数据文件是XML格式的设计投标数据文件。设计电子投标XML数据文件的文件名应为"招标项目编号"+"TB",扩展名为"xml"。

4 编制工具应按照现行的上海市建设工程设计电子投标应用文本编制设计电子投标PDF正文。设计电子投标PDF正文的文件名应为"招标项目编号"+"TB",扩展名为"pdf"。PDF文件大小应限制在50 MB以内。

5 附件PDF文件是指投标人编制投标文件需要提供的附件资料PDF文件。可以有多个附件PDF文件。设计电子投标XML文件中应记录所有附件PDF文件的名称及路径。文件名由投标人自行命名,命名应能体现文件的内容和用途,扩展名为"pdf"。

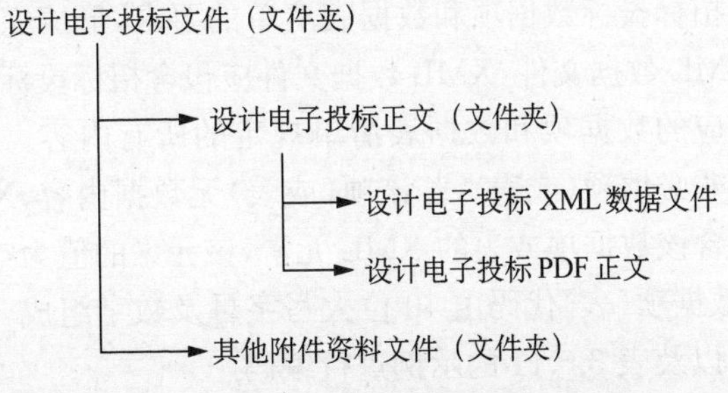

图3.0.8 设计电子投标文件(文件夹)的组成

3.0.9 上海市建设工程设计电子招标投标文件的版本号应符合下列规定:

1 上海市建设工程设计电子招标投标数据文件标准XSD文件的版本号编制的基本格式应为"VerX.X-YYYY",其中"VerX.X"为XSD结构版本顺序码,"YYYY"为发布年份。本版标准发布时 XSD 文件初始版本号为“Ver1.0-2020”。

2 上海市建设工程设计电子招标投标应用文本模板文件的版本号编制的基本格式应为“B-XX-VerX-YYYY”，其中“B”为招标类型编码，表示设计；在设计电子招标投标中，“XX”的值固定为 01；“VerX”为同一招标类型文本标准的版本顺序码；“YYYY”为发布年份。上海市建设工程设计电子招标投标应用文本模板初始版本号为“B-01-Ver1-2020”。

3 上海市建设工程设计电子招标投标文件数据标准的版本号编制的基本格式应为“B-VerM.N-YYYY”，其中“B”为招标类型编码，表示设计。“VerM.N”为同一招标类型文本标准的版本顺序码。若新增设计电子招标投标工程类型章节，则为 M 号加 1，若未新增设计电子招标投标类型章节，则为 N 号加 1；“YYYY”为发布年份。本版标准发布时初始版本号为“B-Ver1.0-2020”。

3.0.10 编制工具应依据设计电子招标投标数据文件标准 XSD 文件以及招标投标数据项和数据表清单的要求，形成完整的招标和投标 XML 数据文件，XML 数据文件应包含招标投标应用文本模板所对应的数据项和数据表清单规定的所有内容。对于清单中定义的非必填项（或表），若该项（或表）无数据内容，XML 数据文件应包含该数据项或表的 XML 元素，该元素的值为空。

3.0.11 数据项（表）代码由 10 位大写字母及数字组成，结构按照图 3.0.11 以及表 3.0.11 的示例进行编码。

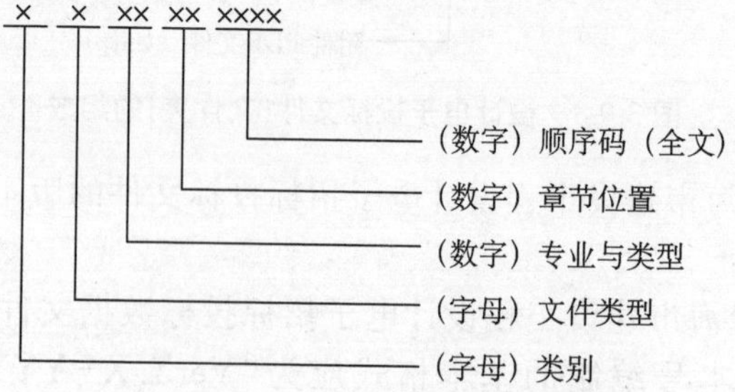

图 3.0.11 数据项(表)代码示意图

表 3.0.11　数据项(表)代码示意表

数据项(表)代码					各项名称及含义	说明
类别	文件类型	专业与类型	章节位置	顺序码		
B					设计	A:勘察;B:设计;C:施工;F:监理
	Z				招标	Z:招标;T:投标;P:评标办法
		01			工程设计	这里 01 为固定值,表示工程设计
			02		第 2 章	00:封面,01:第一章,02:第二章……
				0001	顺序码	顺序码从 0001 开始

3.0.12　招标投标 PDF 文件文档目录的结构应与对应的应用文本的目录结构一致。PDF 文档中的目录应以书签形式添加,并且与 PDF 正文中对应的页码建立关系。目录中的各项内容应与应用文本目录中的各项内容保持一致。

3.0.13　数据项的数据类型应符合 XSD 语言的规定。

4 设计电子招标投标文件要求

4.1 设计电子招标投标文件

4.1.1 根元素“设计电子招标投标文件”的属性中,XSD版本号、标准文本版本号、应用文本版本号、软件公司名称、CPU序列号、网卡MAC号、硬盘序列号、文件生成时间、文件类型、招标类型应为必填项,子元素中正文应为必填项,元素定义应符合表4.1.1的规定。图4.1.1为设计电子招标投标XML数据文件中子元素之间的关系示意图。

表4.1.1 设计电子招标投标文件子元素说明

序号	名称	元素类型	数据类型	唯一	必填	长度	备注
	XSD版本号	Attribute	string		必填	20	见3.0.9定义
	标准文本版本号	Attribute	string		必填	20	该项为数据标准的版本号。 见3.0.9定义
	应用文本版本号	Attribute	string		必填	20	见3.0.9定义
	软件公司名称	Attribute	string		必填	100	
	CPU序列号	Attribute	string		必填	500	
	网卡MAC号	Attribute	string		必填	500	
	硬盘序列号	Attribute	string		必填	500	
	文件生成时间	Attribute	dateTime		必填		YYYY-MM-DDThh:mm:ss
	文件类型	Attribute	string		必填	20	枚举:招标、投标

续表4.1.1

序号	名称	元素类型	数据类型	唯一	必填	长度	备注
	招标类型	Attribute	string		必填	20	枚举:勘察、设计、施工、监理
	正文	Element			必填		

注:空白处不作要求。

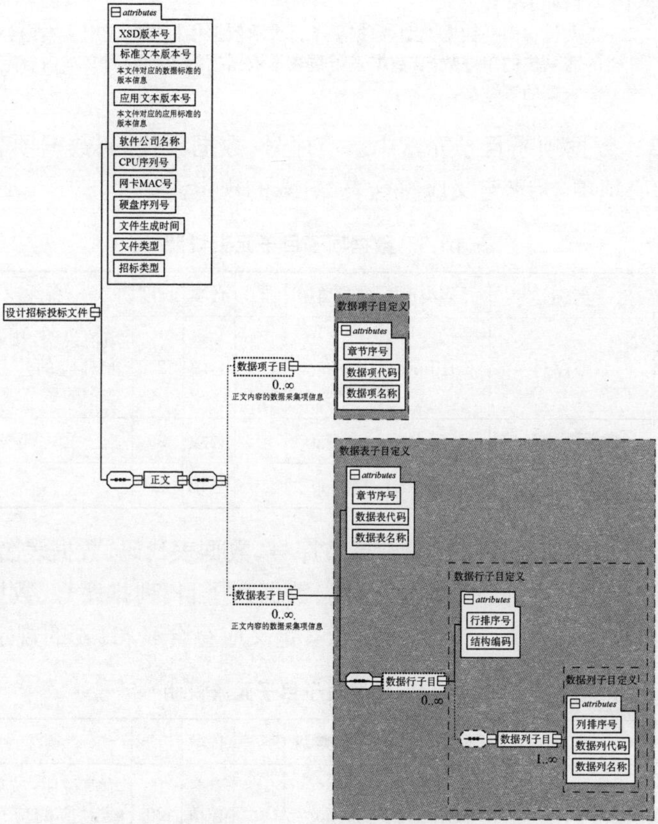

图 4.1.1　设计电子招标投标文件子元素关系

注:图中的属性和子元素,实线框代表应存在,虚线框代表可存在。

4.1.2 正文子元素中数据项子目以及数据表子目应为必填项，元素定义应符合表 4.1.2 的规定。

表 4.1.2 正文子元素说明

序号	名称	元素类型	数据类型	唯一	必填	长度	备注
1	数据项子目	Element			必填		
2	数据表子目	Element			必填		

注：1 空白处不作要求。
2 正文包含两类数据类型，数据项子目表示依据招标投标应用文本内容定义的需采集的单一数据，数据表子目表示依据招标投标应用文本内容定义的需采集的表数据。

4.1.3 数据项子目子元素中章节序号、数据项代码、数据项名称应为必填项，元素定义应符合表 4.1.3 的规定。

表 4.1.3 数据项子目子元素说明

序号	名称	元素类型	数据类型	唯一	必填	长度	备注
1	章节序号	Attribute	string		必填	20	填值说明：按照标准对应的应用文本中的章节填写
2	数据项代码	Attribute	string		必填	20	
3	数据项名称	Attribute	string		必填	100	

4.1.4 数据表子目子元素中章节序号、数据表代码、数据表名称、数据行子目、行排序号、结构编码、数据列子目、列排序号、数据列代码、数据列名称应为必填项，元素定义应符合表 4.1.4 的规定。

表 4.1.4 数据表子目子元素说明

序号	名称	元素类型	数据类型	唯一	必填	长度	备注
1	章节序号	Attribute	string		必填	20	填值说明：按照标准对应的应用文本中的章节填写
2	数据表代码	Attribute	string		必填	20	

续表4.1.4

序号	名称	元素类型	数据类型	唯一	必填	长度	备注
3	数据表名称	Attribute	string		必填	100	
4	数据行子目	Element			必填		
5	行排序号	Attribute	int	是	必填		填值说明:同一数据表子目下的行的顺序号,从1开始编制
6	结构编码	Attribute	string	是	必填	20	填值说明:同一数据表子目数据表现为树形结构时的结构编码行,编制规则为3位长度为一层。如:行的结构编码为"001""001001""001002""002","001"与"002"为同层行,"001001"与"001002"为"001"的子行
7	数据列子目	Element			必填		
8	列排序号	Attribute	int	是	必填		填值说明:同一数据行子目下的列的顺序号,按照各表所列排序号填写
9	数据列代码	Attribute	string	是	必填	20	填值说明:按照各表所列数据列代码填写,与数据列名称保持一致
10	数据列名称	Attribute	string	是	必填	100	填值说明:按照各表所列数据列名称填写,与数据列代码保持一致

4.1.5 设计电子招标投标文件数据项和数据表清单应符合附录B中的规定。

4.2 设计评标办法文件

4.2.1 设计评标办法文件XSD定义应符合本标准第4.1.2条的要求,包含数据项子目和数据表子目。图4.2.1为设计评标办法XML数据文件中子元素之间的关系示意图。

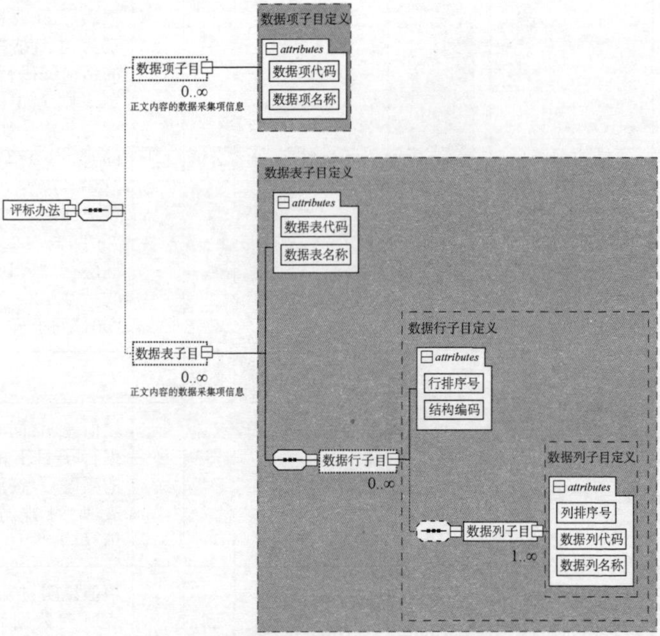

图 4.2.1 设计评标办法文件子元素关系

注:图中的属性和子元素,实线框代表应存在,虚线框代表可存在。

4.2.2 数据项和数据表清单应符合附录B中设计电子招标文件中评标办法文本生成说明及数据标准中的规定。

4.3 文件应用规则

4.3.1 设计电子招标 PDF 正文应与设计电子招标 XML 数据文件中对应内容保持一致。

4.3.2 招标文件如有补正,应发布补充设计电子招标文件。补充设计电子招标文件应包括已补正的完整设计电子招标文件及补正内容说明,补正内容说明存放在补正说明文件夹中。

4.3.3 设计电子投标 PDF 正文应与设计电子投标 XML 数据文件中对应内容保持一致。

本标准用词说明

1　为便于在执行本标准条文时区别对待,对要求严格程度不同的用词说明如下:

1）表示很严格,非这样做不可的用词:

正面词采用“必须”;

反面词采用“严禁”。

2）表示严格,在正常情况下均应这样做的用词:

正面词采用“应”;

反面词采用“不应”或“不得”。

3）表示允许稍有选择,在条件许可时首先应这样做的用词:

正面词采用“宜”;

反面词采用“不宜”。

4）表示有选择,在一定条件下可以这样做的用词,采用“可”。

2　条文中指明应按其他有关标准执行的写法为:“应符合……的规定”或“应按……执行”。

引用标准名录

1《文献管理　长期保存的电子文档文件格式　第1部分：PDF1.4(PDF/A-1)的使用》GB/T 23286.1

上海市工程建设规范

建设工程电子招标投标文件数据标准（工程设计分册）

DG/TJ 08—2375B—2021
J 16041—2021

条 文 说 明

2022　上海

1 总 则

1.0.1 本条阐述了制定本标准的目的和意义:规范建设工程设计招标投标电子数据格式,统一不同电子招标投标文件编制工具的数据输出形式及内容定义,倡导信息公开、数据共享、营造公平开放市场,提高交易服务水平和效率,促进设计电子招标投标数据的积累、共享、交换等应用。

1.0.2 本条阐述了本标准的适用范围:编制设计电子招标文件和投标文件等文件的行为应依据本标准。

1.0.4 电子招标投标活动除应符合国家、行业及本市现行有关标准的规定外,也必须符合法律、法规、规章和相关规范性文件要求,包括但不限于:《中华人民共和国招标投标法》《中华人民共和国招标投标法实施条例》《电子招标投标办法》及《上海市建设工程招标投标管理办法》等。

3 基本规定

3.0.1～3.0.3 对 XML 的编码要求、数据项的命名以及 XML 数据格式进行了规定。

3.0.4 对本市设计电子招标投标文件组成进行了规定。设计招标投标应使用相应的招标应用文本和投标应用文本作为招标文件和投标文件的模板。

3.0.5 对项目编码规则进行了规定。规则为“报建编号”+“标段号”。例:报建编号为“1501KQ0008”,标段为“B01”,招标项目编号为“1501KQ0008B01”。

3.0.6 对本市设计电子招标文件(文件夹)的组成进行了规定。设计电子招标 XML 数据文件和设计电子投标 XML 数据格式文件应以“附录 A 上海市建设工程设计电子招标投标 XML 数据文件标准.xsd”形成的 XML 文件为模板进行编制,文件格式应符合“附录 A 上海市建设工程设计电子招标投标 XML 数据文件标准.xsd”的结构和定义。本条还对本市设计电子招标文件的命名规则进行了规定。例:如果招标项目编号为“1501KQ0008B01”,那么设计电子招标文件名应为“1501KQ0008B01ZB.BZB”,设计电子招标 XML 数据文件的文件名应为“1501KQ0008B01ZB.xml”,设计电子招标 PDF 文件的文件名应为“1501KQ0008B01ZB.pdf”,设计电子投标 XML 数据格式文件的文件名应为“1501KQ0008B01TBGS.xml”;如果附件 PDF 文件资料为项目总平面图,那么其文件名应为“总平面图.pdf”,文件路径应为“其他附件资料文件\总平面图.pdf”。

3.0.7 对本市补充设计电子招标文件(文件夹)的组成进行了规定,并规定了补充文件的命名规则。例:如果招标项目编号为“1501KQ0008B01”,那么补充设计电子招标文件的文件名

“1501KQ0008B01ZB.BZB”；如果补正说明 PDF 文件的文件名为“第一次补充招标文件说明.pdf”，那么文件路径应为“补正说明文件\第一次补充招标文件说明.pdf”。

3.0.8 对本市设计电子投标文件（文件夹）的组成进行了规定。设计电子投标 XML 数据文件应以设计电子招标文件（及补充设计电子招标文件）中的“设计电子投标 XML 数据格式文件”（如：1501KQ0008B01TBGS.xml）为模板进行编制，文件格式应符合“附录 A 上海市建设工程设计电子招标投标 XML 数据文件标准.xsd”的结构和定义。设计电子投标 PDF 正文应符合相应的设计电子投标应用文本的格式要求。本条还对本市设计电子投标文件的命名规则进行了规定。例：如果招标项目编号为“1501KQ0008B01”，那么设计电子投标文件的文件名应为“1501KQ0008B01TB.BTB”，设计电子投标 XML 数据文件的文件名应为“1501KQ0008B01TB.xml”，设计电子投标 PDF 文件的文件名应为“1501KQ0008B01TB.pdf”；附件 PDF 文件资料若为项目现场平面布置图，那么其文件名应为“现场平面布置图.pdf”；文件路径应为“其他附件资料文件\现场平面布置图.pdf”。

4 设计电子招标投标文件要求

4.3 文件应用规则

4.3.3 如设计电子招标 PDF 正文、设计电子投标 PDF 正文与其对应的 XML 数据文件不一致，则应以 XML 数据文件为准。

上海市工程建设规范

建设工程电子招标投标数据标准
(工程施工分册)

Data standard of electronic bidding documents for construction engineering

Engineering construction

DG/TJ 08—2375C—2021

J 16042—2021

2022　上海

1 总 则

1.0.1 为规范本市建设工程电子招标投标交易平台的建设和运行，统一电子招标、投标、资格预审、资格预审申请文件数据标准，实现编制工具产生的电子招标、投标、资格预审、资格预审申请文件与本市施工电子招标投标交易系统（以下简称“施工招标交易系统”）之间交换和共享，制定本标准。

1.0.2 本标准适用于与施工招标交易系统进行数据交换的施工招标文件、投标文件、资格预审文件和资格预审申请文件等电子数据文件的编制。

1.0.3 本市建设工程施工电子数据文件均应采用可扩展标记语言（XML）文件格式编制，遵守本标准第 4 章的要求。

1.0.4 本市建设工程施工电子招标文件的电子数据内容除应符合本标准外，尚应符合国家、行业和本市现行有关标准的规定。

2 术 语

2.0.1 便携文档格式 portable document format，PDF

又称可移植文档格式，是一种用独立于应用程序、硬件、操作系统的方式呈现文档的文件格式。

2.0.2 工程施工 engineering construction

按照设计要求建造房屋、桥梁，修建道路、水利工程等。

2.0.3 施工电子招标文件 engineering construction electronic bidding documents

招标人或招标代理机构编制的，符合本标准要求的，用于施工招标系统中招标公告发布、投标文件编制、开标和评标等活动的招标数据文件。

2.0.4 施工电子投标文件 engineering construction electronic tender documents

投标人编制的，符合本标准要求的，用于开标、评标等活动的投标数据文件。

2.0.5 可扩展标记语言 extensible markup language，XML

是一种标记语言。标记语言是使用一系列标记在计算机数字文档中进行文本描述的语言。XML 常用于数据的存储和传输。

2.0.6 XSD 语言 XML schema definition language

是一种 XML Schema 语言，它使用 XML 语言的词汇，为描述 XML 文件结构和约束 XML 文件内容提供了工具。XSD 语言应符合万维网联盟（W3C）标准《XML Schema Definition Language (XSD) 1.1 Part 1：Structures》和《XML Schema Definition Language (XSD) 1.1 Part 2：Datatypes》的规定。

2.0.7 XSD 文件 XSD file

是后缀名为“.xsd”的文件，用于定义 XML 文档中可以出现的元素(elements)和属性(attributes)。

2.0.8 ZIP 文件格式 ZIP file format

是一种数据压缩和文档储存的文件格式，使用“zip”为扩展名。

2.0.9 元素 element

XML 元素可以定义为 XML 的构建块。元素可以充当容器来保存文本、元素、属性或媒体对象等。每个 XML 文件都包含一个或多个元素，其范围由开始和结束标签界定；对于空元素，则由一个空元素标签界定。

2.0.10 属性 attribute

是 XML Schema 中定义的属性。XML 属性通常用于描述 XML 元素，或提供有关元素的信息。

2.0.11 资格预审文件 pre-qualification documents

招标人或招标代理机构使用工具软件编制的，符合本标准要求的，用于施工招标系统中资格预审公告发布、资格预审申请文件编制和资格审查等活动的资格预审数据文件。

2.0.12 资格预审申请文件 applications for pre-qualification documents

投标人使用工具软件编制的，符合本标准要求的，用于资格审查活动的资格预审申请数据文件。

2.0.13 8 位元 Unicode 传输格式 8-bit unicode transformation format, UTF-8

是针对 Unicode 的一种可变长度字符编码。

3 基本规定

3.0.1 本标准使用 XML1.0 版本，应采用 UTF-8 编码描述建设工程电子招标投标数据。

3.0.2 本标准的元素、属性名称命名应采用统一的中文命名。

3.0.3 本标准的数据格式由数据元素名称、说明、关系图、属性定义表、注等内容组成，除 XML 文件宜符合本标准中数据格式规定外，亦应符合下列规定：

1 XML 数据文件应以“〈?xml version＝"1.0" encoding＝"utf-8"?〉”字符串作为文件头，创建文档时，应采用 UTF-8 代码格式创建。

2 XML 定义的备注中写明参考数据字典的，应按照对应数据字典列出的内容规范填写。

3 PDF 格式文件应符合现行国家标准《文献管理　长期保存的电子文档文件格式　第 1 部分：PDF1.4（PDF/A-1）的使用》GB/T 23286.1的要求。

4 在招标投标文件中上传的每张图片大小应限制在 250 KB 以内。

3.0.4 施工电子招标投标文件组成应符合招标投标监管部门发布的模板文件要求，文件格式应符合招标投标监管部门发布的结构与定义要求。

3.0.5 招标项目编号应为按规则形成的由数字和字母组成的招标项目唯一编号。

3.0.6 施工电子招标文件（文件夹）的组成与命名应符合下列规定：

1 施工电子招标文件应为一个采用 ZIP 格式压缩的数据

文件，内容应包含施工电子招标 XML 数据文件、施工电子招标 PDF 文件、施工电子投标 XML 数据格式文件、招标工程量清单 XML 数据文件、最高投标限价 PDF 文件和附件 PDF 文件（如有）。

2 施工电子招标文件的文件名命名规则应为“招标项目编号”+“ZB”，扩展名为“CZB”。

3 施工电子招标 XML 数据文件的文件名应为“招标项目编号”+“ZB”，扩展名为“xml”。

4 招标人应按照现行的上海市建设工程施工电子招标应用文本编制施工电子招标 PDF 正文。施工电子招标 PDF 正文的文件名应为“招标项目编号”+“ZB”，扩展名为“pdf”。

5 施工电子投标 XML 数据格式文件是由招标人通过编制工具形成的、需由投标人响应的初始数据文件。施工电子投标 XML 数据格式文件的文件名应为“招标项目编号”+“TBGS”，扩展名为“xml”。

6 施工电子招标投标实行后，原招标工程量清单电子化文件（.zbf4 等）应不再使用。招标工程量清单 XML 数据文件的文件名应为“招标项目编号”+“ZBQD”，扩展名为“xml”。

7 最高投标限价 PDF 文件是指招标人发布的对投标价格进行控制的 PDF 格式的资料文件。最高投标限价 PDF 文件应放在指定的文件夹中，文件路径详见图 3.0.6。文件名由招标人自行命名，命名应能体现文件的内容和用途，扩展名为“pdf”。

8 附件 PDF 文件是指招标人根据招标需要提供发布的 PDF 格式的图纸等附件资料文件。招标人可提供多个不同的附件 PDF 文件。施工电子招标 XML 文件中应记录所有附件 PDF 文件的名称及路径。附件 PDF 文件的文件名由招标人自行命名，命名应能体现文件的内容和用途，扩展名为“pdf”。

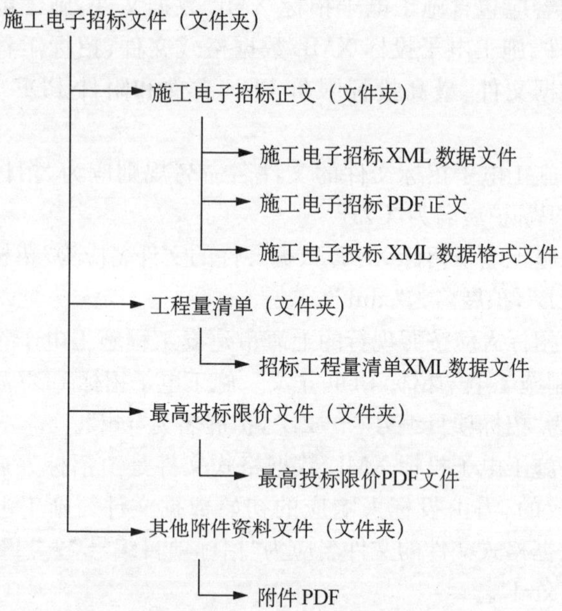

图 3.0.6　施工电子招标文件(文件夹)的组成

3.0.7　补充施工电子招标文件(文件夹)的组成与命名应符合下列规定：

1　补充施工电子招标文件应为一个采用ZIP格式压缩的数据文件，内容应包含已补正的施工电子招标文件和工程量清单数据文件，增加补正说明PDF文件。补充施工电子招标文件(文件夹)的结构应符合图3.0.7的规定。

2　补充施工电子招标文件的文件名命名规则应为“招标项目编号”+“ZB”，扩展名为“CZB”。

3　补正说明PDF文件是列明招标人对于施工电子招标PDF正文补正内容的文件。

- 补充施工电子招标文件（文件夹）
  - 施工电子招标正文（文件夹）
    - 施工电子招标XML数据文件
    - 施工电子招标PDF正文
    - 施工电子投标XML数据格式文件
  - 工程量清单（文件夹）
    - 招标工程量清单XML数据文件
  - 最高投标限价文件（文件夹）
    - 最高投标限价PDF文件
  - 其他附件资料文件（文件夹）
    - 附件PDF文件（如有）
  - 补正说明文件（文件夹）
    - 补正说明PDF文件（如有）

图 3.0.7　补充施工电子招标文件(文件夹)的组成

3.0.8　施工电子投标文件(文件夹)的组成与命名应符合下列规定：

1　施工电子投标文件应为一个采用ZIP格式压缩的数据文件，内容应包含施工电子投标XML数据文件、施工电子投标PDF正文、投标工程量清单XML数据文件和附件PDF文件(如有)。压缩文件大小应限制在50 MB以内。施工电子投标文件(文件夹)的结构应符合图3.0.8的规定。

2　施工电子投标文件的文件名的命名规则应为“招标项目编号”+“TB”，扩展名为“CTB”。

3　施工电子投标XML数据文件是XML格式的施工投标

数据文件。施工电子投标 XML 数据文件的文件名应为“招标项目编号”+“TB”,扩展名为“xml”。

4 编制工具应按照现行的上海市建设工程施工电子投标应用文本编制施工电子投标 PDF 正文。施工电子投标 PDF 正文的文件名应为“招标项目编号”+“TB”,扩展名为“pdf”,PDF 文件大小应限制在 50 MB 以内。

5 投标工程量清单 XML 数据文件是 XML 格式的工程量清单投标数据文件。实行施工电子招标投标后,原投标工程量清单电子化文件(.bs4 和.tbs 等)应不再使用。投标工程量清单 XML 数据文件的文件名应为“招标项目编号”+“TBQD”,扩展名为“xml”。

6 附件 PDF 文件是指投标人编制投标文件需要提供的附件资料 PDF 文件。不同内容的文件可以按单独文件提供。施工电子投标 XML 文件中应记录所有附件 PDF 文件的名称及路径。文件名由投标人自行命名,命名应能体现文件的内容和用途,扩展名为“pdf”。

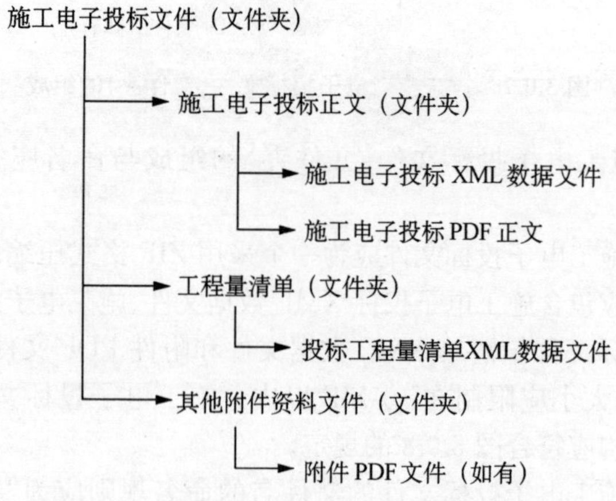

图 3.0.8 施工电子投标文件(文件夹)的组成

3.0.9 施工电子资格预审文件(文件夹)的组成与命名应符合下列规定:

1 施工电子资格预审文件应为一个采用 ZIP 格式压缩的数据文件,内容应包含施工电子资格预审 XML 数据文件、施工电子资格预审 PDF 正文、施工电子资格预审申请 XML 数据格式文件和附件 PDF 文件,见图 3.0.9。

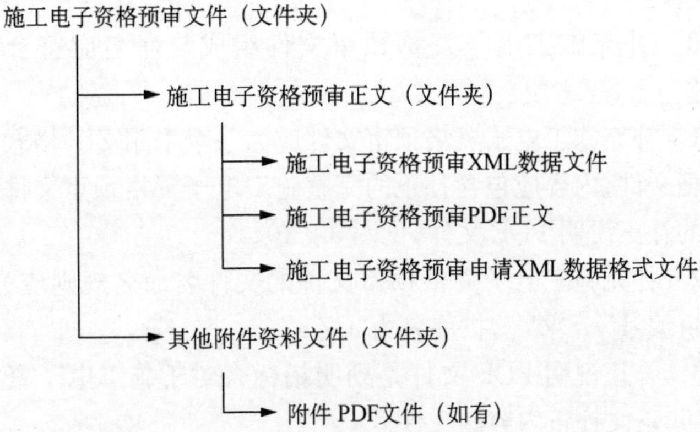

图 3.0.9 施工电子资格预审文件(文件夹)的组成

2 施工电子资格预审文件的文件名命名规则应为“招标项目编号”+“ZY”,扩展名为“CZY”。

3 施工电子资格预审 XML 数据文件是 XML 格式的施工资格预审数据文件。施工电子资格预审 XML 数据文件的文件名应为“招标项目编号”+“ZY”,扩展名为“xml”。

4 招标文件编制工具按照现行的上海市建设工程施工电子资格预审标准文本编制施工电子资格预审 PDF 文件。施工电子资格预审 PDF 正文的文件名应为“招标项目编号”+“ZY”,扩展名为“pdf”。

5 施工电子资格预审申请 XML 数据格式文件是由招标人通过资格预审文件编制工具形成的需由投标人响应的初始数据

文件。施工电子资格预审申请 XML 数据格式文件的文件名应为“招标项目编号”+“YSGS”,扩展名为“xml”。

6 附件 PDF 文件是指招标人根据招标需要提供发布的 PDF 格式的图纸等附件资料文件。不同内容的文件可以按单独文件提供。施工电子资格预审 XML 文件中记录了所有附件的名称及路径。文件名由招标人自行命名,命名应能体现文件的内容和用途,扩展名为“pdf”。

3.0.10 补充施工电子资格预审文件组成与命名应符合下列规定:

1 补充施工电子资格预审文件应为一个采用 ZIP 格式压缩的数据文件,内容应包含补正的完整施工电子资格预审文件以及增加的补正说明 PDF 文件,见图 3.0.10。

2 补充施工电子资格预审文件的文件名命名规则应为“招标项目编号”+“ZY”,扩展名为“CZY”。

3 补正说明 PDF 文件是列明招标人对于施工电子资格预审 PDF 正文补正内容的文件。

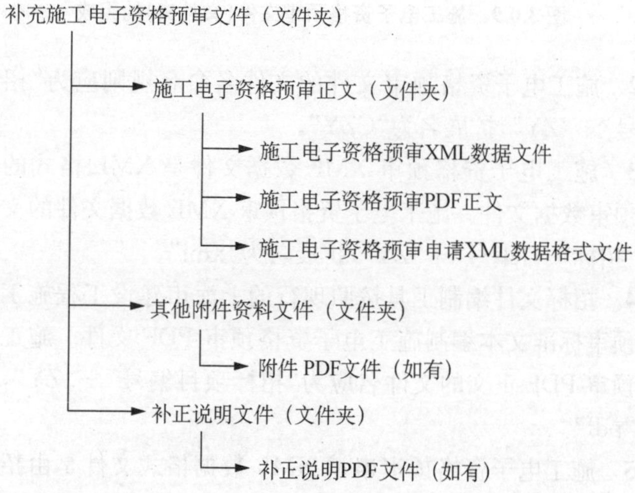

图 3.0.10 补充施工电子资格预审文件(文件夹)的组成

3.0.11 施工电子资格预审申请文件(文件夹)的组成与命名应符合下列规定:

1 施工电子资格预审申请文件应为一个采用 ZIP 格式压缩的数据文件,内容应包含施工电子资格预审申请 XML 数据文件、施工电子资格预审申请 PDF 正文和附件 PDF 文件(如有),见图 3.0.11。

2 施工电子资格预审申请文件的文件名命名规则应为“招标项目编号”+“YS”,扩展名为“CYS”。

3 施工电子资格预审申请 XML 数据文件是 XML 格式的施工资格预审申请数据文件。施工电子资格预审申请 XML 数据文件的文件名应为“招标项目编号”+“YS”,扩展名为“xml”。

4 资格预审申请文件编制工具按照现行的上海市建设工程施工电子资格预审申请应用文本编制施工电子资格预审申请 PDF 文件。施工电子资格预审申请 PDF 正文的文件名应为“招标项目编号”+“YS”,扩展名为“pdf”。

5 附件 PDF 文件是指投标人编制资格预审申请文件需要提供的附件资料 PDF 文件。可以有多个附件资料 PDF 文件。施工电子资格预审申请 XML 文件中记录了所有附件的名称及路径。文件名由投标人自行命名,命名应能体现文件的内容和用途,扩展名为“pdf”。

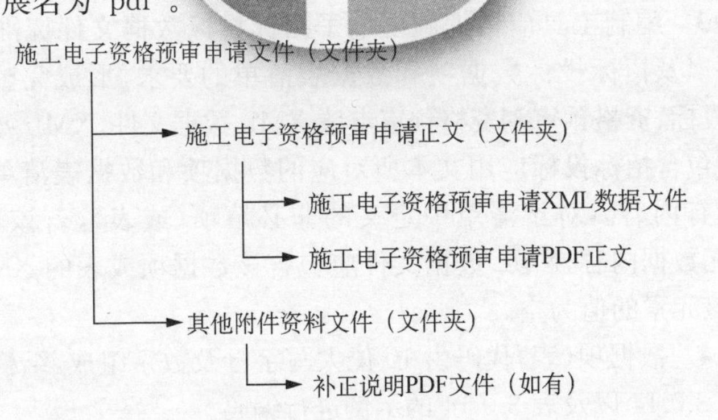

图 3.0.11 施工电子资格预审申请文件(文件夹)的组成

3.0.12 上海市建设工程施工电子招标投标文件的版本号应符合下列规定：

1 上海市建设工程施工电子招标投标数据文件标准 XSD 文件的版本号编制的基本格式应为“VerX.X-YYYY”，其中“VerX.X”为 XSD 结构版本顺序码，“YYYY”为发布年份。本版标准发布时 XSD 文件初始版本号为“Ver1.0-2019”。

2 上海市建设工程施工电子招标投标应用文本版本号的基本格式应为“C-XX-VerX-YYYY”，其中“C”为招标类型编码，表示施工；“XX”为施工电子招标投标项目工程类型代码，“01”表示房屋建筑和市政工程；“VerX”为同一招标类型文本标准的版本顺序码；“YYYY”为发布年份。上海市房屋建筑和市政工程施工电子招标投标应用文本模板初始版本号为“C-01-Ver1-2019。”

3 上海市建设工程施工电子招标投标文件数据标准的版本号编制的基本格式应为“C-VerM.N-YYYY”，其中“C”为招标类型编码，表示施工；“VerM.N”为同一招标类型文本标准的版本顺序码。其中，“M”表示工程类型，M 的取值详见相应工程类型的定义。每更新一个版本，即为 N 值加 1。“YYYY”为发布年份。本版标准发布时初始版本号为“C-Ver1.0-2019”。

3.0.13 编制工具应依据施工电子招标投标数据文件标准 XSD 文件以及招标投标数据项和数据表清单的要求，形成完整的招标、投标、资格预审和资格预审申请 XML 数据文件，XML 数据文件应包含招标投标应用文本所对应的数据项和数据表清单规定的所有内容。对于清单中定义的非必填项（或表），若该项（或表）无数据内容，XML 数据文件应包含该数据项或表的 XML 元素，该元素的值为空。

3.0.14 数据项（表）代码由 10 位大写字母及数字组成，结构应按照图 3.0.14 以及表 3.0.14 的示例进行编码。

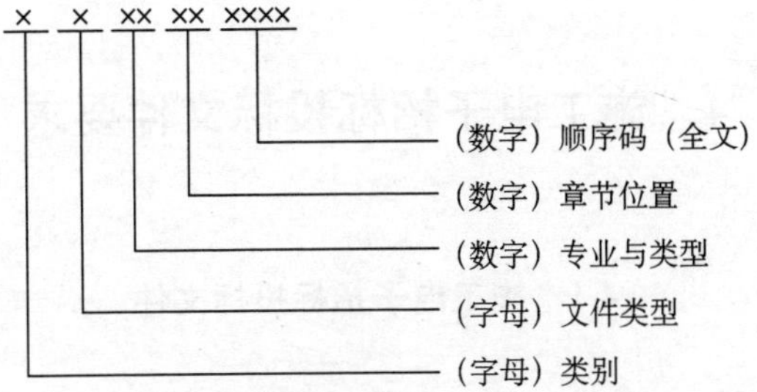

图 3.0.14　数据项(表)代码示意图

表 3.0.14　数据项(表)代码示意表

数据项(表)代码					各项名称及含义	说明
类别	文件类型	专业与类型	章节位置	顺序码		
C					施工	C:施工;F:监理
	Z				招标	Z:招标;T:投标;P:评标办法;Y:资格预审;S:资格预审申请
		01			房屋建筑和市政工程	这里“01”代表房屋建筑和市政工程项目;“02”代表……
			02		第 2 章	
				0001	顺序码	

3.0.15　招标、投标、资格预审及资格预审申请 PDF 文件文档目录的结构应与对应的应用文本的目录结构一致。PDF 文档中的目录应以书签形式添加,并且与 PDF 文档中对应的页码建立关系。目录中的各项内容应与应用文本目录中的各项内容保持一致。

3.0.16　数据项的数据类型应符合 XSD 语言的规定。

4 施工电子招标投标文件要求

4.1 施工电子招标投标文件

4.1.1 根元素“施工电子招标投标文件”的属性中，XSD 版本号、标准文本版本号、应用文本版本号、工程量清单文件版本号、软件公司名称、CPU 序列号、网卡 MAC 号、硬盘序列号、文件生成时间、文件类型、招标类型应为必填项，子元素中正文应为必填项，元素定义应符合表 4.1.1 的规定。图 4.1.1 为施工电子招标投标 XML 数据文件中子元素之间的关系示意图。

表 4.1.1 施工电子招标投标文件子元素说明

序号	名称	元素类型	数据类型	唯一	必填	长度	备注
1	XSD 版本号	Attribute	string		必填	20	见 3.0.12 定义
2	标准文本版本号	Attribute	string		必填	20	该项为数据标准的版本号。见 3.0.12 定义
3	应用文本版本号	Attribute	string		必填	20	见 3.0.12 定义
4	工程量清单文件版本号	Attribute	string		必填	20	见相应工程类别的数据标准附录中的定义
5	软件公司名称	Attribute	string		必填	100	
6	CPU 序列号	Attribute	string		必填	500	
7	网卡 MAC 号	Attribute	string		必填	500	
8	硬盘序列号	Attribute	string		必填	500	
9	文件生成时间	Attribute	dateTime		必填		YYYY-MM-DDThh:mm:ss

续表4.1.1

序号	名称	元素类型	数据类型	唯一	必填	长度	备注
10	文件类型	Attribute	string		必填	20	枚举:招标、投标、资格预审、资格预审申请
11	招标类型	Attribute	string		必填	20	枚举:监理、勘察、设计、施工
12	正文	Element			必填		

注:空白处不作要求。

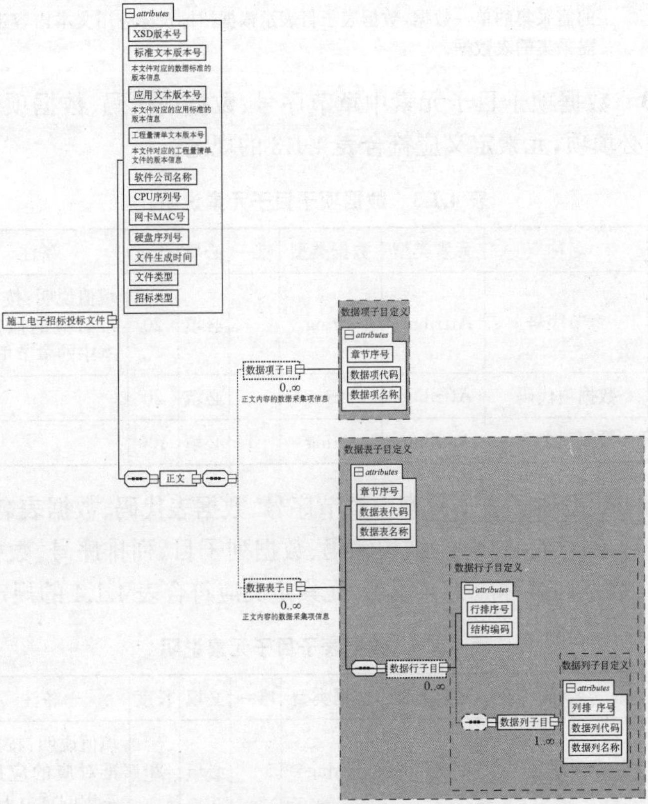

图 4.1.1　施工电子招标投标文件子元素关系

注:图中的属性和子元素,实线框代表应存在,虚线框代表可存在。

4.1.2 正文子元素中数据项子目以及数据表子目应为必填项，元素定义应符合表4.1.2的规定。

表4.1.2 正文子元素说明

序号	名称	元素类型	数据类型	唯一	必填	长度	备注
1	数据项子目	Element			必填		
2	数据表子目	Element			必填		

注：1 空白处不作要求。

2 正文包含两类数据类型，数据项子目表示依据招标投标应用文本内容定义的需采集的单一数据，数据表子目表示依据招标投标应用文本内容定义的需采集的表数据。

4.1.3 数据项子目子元素中章节序号、数据项代码、数据项名称应为必填项，元素定义应符合表4.1.3的规定。

表4.1.3 数据项子目子元素说明

序号	名称	元素类型	数据类型	唯一	必填	长度	备注
1	章节序号	Attribute	string		必填	20	填值说明：按照标准对应的应用文本中的章节填写
2	数据项代码	Attribute	string		必填	20	
3	数据项名称	Attribute	string		必填	100	

4.1.4 数据项子表子元素中章节序号、数据表代码、数据表名称、数据行子目、行排序号、结构编码、数据列子目、列排序号、数据列代码、数据列名称应为必填项，元素定义应符合表4.1.4的规定。

表4.1.4 数据表子目子元素说明

序号	名称	元素类型	数据类型	唯一	必填	长度	备注
1	章节序号	Attribute	string		必填	20	填值说明：按照标准对应的应用文本中的章节填写
2	数据表代码	Attribute	string		必填	20	

续表4.1.4

序号	名称	元素类型	数据类型	唯一	必填	长度	备注
3	数据表名称	Attribute	string		必填	100	
4	数据行子目	Element			必填		
5	行排序号	Attribute	int	是	必填		填值说明:同一数据表子目下的行的顺序号,从1开始编制
6	结构编码	Attribute	string	是	必填	20	填值说明:同一数据表子目数据表现为树形结构时的结构编码行,编制规则为3位长度为一层。如:行的结构编码为"001""001001""001002""002","001"与"002"为同层行,"001001"与"001002"为"001"的子行
7	数据列子目	Element			必填		
8	列排序号	Attribute	int	是	必填		填值说明:同一数据行子目下的列的顺序号,按照各表所列排序号填写
9	数据列代码	Attribute	string	是	必填	20	填值说明:按照各表所列数据列代码填写,与数据列名称保持一致
10	数据列名称	Attribute	string	是	必填	100	填值说明:按照各表所列数据列名称填写,与数据列代码保持一致

4.1.5 施工电子招标投标文件数据项和数据表清单应符合相应工程类型的附录中的规定。

4.2 施工评标办法文件

4.2.1 施工评标办法文件 XSD 定义应符合本标准第 4.1.2 条的内容,包含数据项子目和数据表子目。图 4.2.1 为施工评标办法 XML 数据文件中子元素之间的关系示意图。

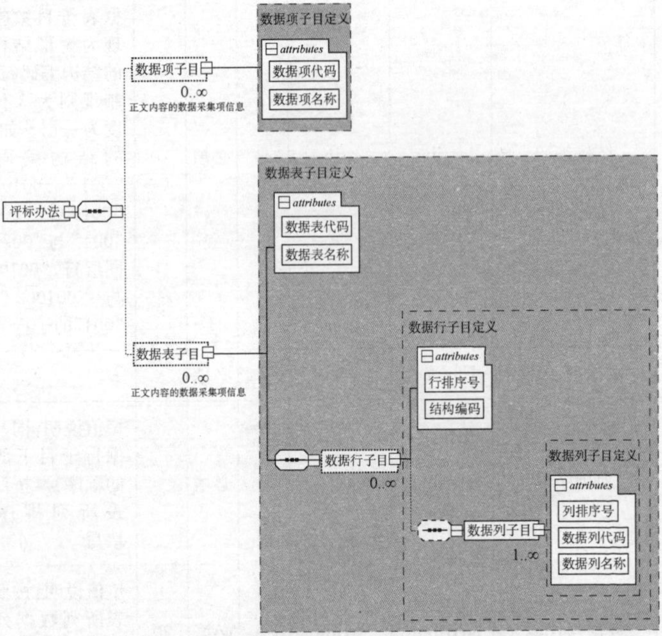

图 4.2.1 施工评标办法文件子元素关系

注:图中的属性和子元素,实线框代表应存在,虚线框代表可存在。

4.2.2 数据项和数据表清单应符合相应工程类型的附录中的电子招标文件中评标办法文本生成说明及数据标准中的规定。

4.3 文件应用规则

4.3.1 施工电子招标 PDF 正文应与施工电子招标 XML 数据文件中对应内容保持一致。

4.3.2 招标文件如有补正，应发布补充施工电子招标文件。补充施工电子招标文件应包括已补正的完整施工电子招标文件及补正内容说明，补正内容说明存放在补正说明文件夹中。

4.3.3 施工电子投标 PDF 正文应与施工电子投标 XML 数据文件中对应内容保持一致。

4.3.4 施工电子资格预审 PDF 正文应与施工电子资格预审 XML 数据文件中对应内容保持一致。

4.3.5 资格预审文件如有补正，应发布补充施工电子资格预审文件。补充施工电子资格预审文件应包括已补正的完整施工电子资格预审文件及补正内容说明，补正内容说明存放在补正说明文件夹中。

4.3.6 施工电子资格预审申请 PDF 正文应与施工电子资格预审申请 XML 数据文件中对应内容保持一致。

本标准用词说明

1 为便于在执行本标准条文时区别对待,对要求严格程度不同的用词说明如下:

1) 表示很严格,非这样做不可的用词:
正面词采用“必须”;
反面词采用“严禁”。

2) 表示严格,在正常情况下均应这样做的用词:
正面词采用“应”;
反面词采用“不应”或“不得”。

3) 表示允许稍有选择,在条件许可时首先应这样做的用词:
正面词采用“宜”;
反面词采用“不宜”。

4) 表示有选择,在一定条件下可以这样做的用词,采用“可”。

2 条文中指明应按其他有关标准执行的写法为:“应符合……的规定”或“应按……执行”。

引用标准名录

1 《文献管理　长期保存的电子文档文件格式　第1部分：PDF1.4(PDF/A-1)的使用》GB/T 23286.1

上海市工程建设规范

建设工程电子招标投标文件数据标准
（工程施工分册）

DG/TJ 08—2375C—2021
J 16042—2021

条 文 说 明

2022 上海

1 总 则

1.0.1 本条阐述了制定本标准的目的和意义:规范建设工程施工招标投标电子数据格式,统一不同电子招标投标文件编制工具的数据输出形式及内容定义,倡导信息公开、数据共享、营造公平开放市场,提高交易服务水平和效率,促进施工电子招标投标数据的积累、共享、交换等应用。

1.0.2 本条阐述了本标准的适用范围:编制施工电子招标文件、投标文件、资格预审文件和资格预审申请文件等文件的行为应依据本标准。

1.0.4 电子招标投标活动除应符合国家、行业及本市现行有关标准的规定外,也必须符合法律、法规、规章和相关规范性文件要求,包括但不限于:《中华人民共和国招标投标法》《中华人民共和国招标投标法实施条例》《电子招标投标办法》及《上海市建设工程招标投标管理办法》等。

3 基本规定

3.0.1～3.0.3 对 XML 的编码要求、数据项的命名以及 XML 数据格式进行了规定。

3.0.4 对本市施工电子招标投标文件组成进行了规定。进行资格预审的施工招标投标，应使用相应工程类型的招标应用文本、投标应用文本、资格预审应用文本和资格预审申请应用文本作为招标文件、投标文件、资格预审文件和资格预审申请文件的模板。

3.0.5 对项目编码规则进行了规定。规则为"报建编号"+"标段号"。例：报建编号为"1501KQ0008"，标段为"C01"，招标项目编号为"1501KQ0008C01"。

3.0.6 对本市施工电子招标文件（文件夹）的组成进行了规定。施工电子招标 XML 数据文件和施工电子投标 XML 数据格式文件应以"附录 A 上海市建设工程施工电子招标投标 XML 数据文件标准.xsd"形成的 XML 文件为模板进行编制，文件格式应符合"附录 A 上海市建设工程施工电子招标投标 XML 数据文件标准.xsd"的结构和定义。本条还对本市施工电子招标文件的命名规则进行了规定。例：如果招标项目编号为"1501KQ0008C01"，那么施工电子招标文件名应为"1501KQ0008C01ZB.CZB"，施工电子招标 XML 数据文件的文件名应为"1501KQ0008C01ZB.xml"，施工电子招标 PDF 正文的文件名应为"1501KQ0008C01ZB.pdf"，施工电子投标 XML 数据格式文件的文件名应为"1501KQ0008C01TBGS.xml"，招标工程量清单 XML 数据文件的文件名应为"1501KQ0008C01ZBQD.xml"；如果附件 PDF 文件资料为项目总平面图，那么其文件名应为"总平面图.pdf"，文件路径应为"其他附件资料文件\总平面图.pdf"。招标工程量清单 XML 数据文件的编制要求详见相应工程类型的附录。

3.0.7 对本市补充施工电子招标文件(文件夹)的组成进行了规定,并规定了补充文件的命名规则。例:如果招标项目编号为“1501KQ0008C01”,那么补充施工电子招标文件的文件名应为“1501KQ0008C01ZB.CZB”;如果补正说明 PDF 文件的文件名为“第一次补充招标文件说明.pdf”,那么文件路径应为“补正说明文件\第一次补充招标文件说明.pdf”。

3.0.8 对本市施工电子投标文件(文件夹)的组成进行了规定。施工电子投标 XML 数据文件应以施工电子招标文件(及补充施工电子招标文件)中的“施工电子投标 XML 数据格式文件”(如:1501KQ0008C01TBGS.xml)为模板进行编制,文件格式应符合“附录 A 上海市建设工程施工电子招标投标 XML 数据文件标准.xsd”的结构和定义。施工电子投标 PDF 正文应符合相应工程类型的施工电子投标应用文本的格式要求。本条还对本市施工电子投标文件的命名规则进行了规定。例:如果招标项目编号为“1501KQ0008C01”,那么施工电子投标文件的文件名应为“1501KQ0008C01TB.CTB”,施工电子投标 XML 数据文件的文件名应为“1501KQ0008C01TB.xml”,施工电子投标 PDF 正文的文件名应为“1501KQ0008C01TB.pdf”,投标工程量清单 XML 数据文件的文件名应为“1501KQ0008C01TBQD.xml”;附件 PDF 文件资料若为项目现场平面布置图,那么其文件名应为“现场平面布置图.pdf”,文件路径应为“其他附件资料文件\现场平面布置图.pdf”。投标工程量清单 XML 数据文件的编制要求详见相应工程类型的附录。

3.0.9 对本市施工电子资格预审文件(文件夹)的组成进行了规定施工电子资格预审 XML 数据文件应依据“附录 A 上海市建设工程施工电子招标投标 XML 数据文件标准.xsd”形成的 XML 文件为模版编制,且应符合“附录 A 上海市建设工程施工电子招标投标 XML 数据文件标准.xsd”的结构和定义。施工电子资格预审 PDF 正文应符合相应工程类型的施工电子资格预审应用文本的格式要求。施工电子资格预审申请XML数据格式文件应依据“附录A上海市建设工程施工电子招标投标XML数据文件标准.xsd”形成的XML文件为模板进行编制，文件格式应符合“附录A上海市建设工程施工电子招标投标XML数据文件标准.xsd”的结构和定义。本条还对本市施工电子资格预审文件的命名规则进行了规定。例：如果招标项目编号为“1501KQ0008C01”，那么施工电子招标文件的文件名应为“1501KQ0008C01ZY.CZY”，施工电子资格预审XML数据文件的文件名应为“1501KQ0008C01ZY.xml”，施工电子资格预审PDF正文的文件名应为“1501KQ0008C01ZY.pdf”，施工电子资格预审申请XML数据格式文件的文件名应为“1501KQ0008C01YSGS.xml”；如果附件PDF文件资料为项目总平面图，那么其文件名应为“总平面图.pdf”，文件路径应为“其他附件资料文件\总平面图.pdf”。

3.0.10 对本市补充施工电子资格预审文件（文件夹）的组成进行了规定，并规定了补充文件的命名规则。例：如果招标项目编号为“1501KQ0008C01”，那么补充施工电子招标文件的文件名应为“1501KQ0008C01ZB.CZY”；如果补充说明PDF文件的文件名为“第一次补充招标文件说明.pdf”；那么其文件路径应为“补正说明文件\第一次补充招标文件说明.pdf”。

3.0.11 对本市施工电子资格预审申请文件（文件夹）的组成进行了规定。施工电子资格预审申请XML数据文件应以施工电子资格预审文件（及补充施工电子资格预审文件）中的“施工电子资格预审XML数据格式文件”（如：1501KQ0008C01YSGS.xml）为模板进行编制，文件格式应符合“附录A上海市建设工程施工电子招标投标XML数据文件标准.xsd”的结构和定义。施工电子资格预审申请PDF正文应符合相应工程类型的施工电子资格预审申请应用文本的格式要求。本条还对本市施工电子资格预审申请文件的命名规则进行了规定。例：如果招标项目编号为“1501KQ0008C01”，那么施工电子资格预审申请文件的文件名应为“1501KQ0008C01YS.CYS”，施工电子资格预审申请 XML 数据文件的文件名应为“1501KQ0008C01YS.xml”，施工电子资格预审申请 PDF 正文的文件名应为“1501KQ0008C01YS.pdf”；如果附件 PDF 文件资料为项目现场平面布置图，那么其文件名应为“现场平面布置图.pdf”，文件路径应为“其他附件资料文件\现场平面布置图.pdf”。

3.0.12 对上海市建设工程施工电子招标投标文件的版本号进行了规定。应用文本版本号应按照应用文本对应的工程类型进行发布更新。若对已发布的上海市建设工程施工电子招标投标应用文本进行了修订，那么对于修订后的应用文本版本号，应按其对应的工程类型，将其中的版本顺序码递增，同时将该文本对应的数据项版本来源统一修改为新版本号，数据标准的版本号按规则将小版本号加 1。比如，房屋建筑和市政工程应用文本发生修订后，该应用文本版本号中的顺序码应从 1 递增为 2，即为“C-01-Ver2-2019”，所有数据项对应的版本来源全部更新为“C-01-Ver2-2019”，且依据此应用文本进行更新的数据标准版本号应为“C-Ver1.1-2019”。

4 施工电子招标投标文件要求

4.3 文件应用规则

4.3.6 如施工电子招标 PDF 正文、施工电子投标 PDF 正文、施工电子资格预审 PDF 正文、施工电子资格预审申请 PDF 正文与其对应的 XML 数据文件不一致,应以 XML 数据文件为准。

上海市工程建设规范

建设工程电子招标投标数据标准
（工程监理分册）

Data standard of electronic bidding documents for construction engineering

Construction supervision

DG/TJ 08—2375D—2021

J 16043—2021

2022　上海

1 总 则

1.0.1 为规范本市建设工程电子招标投标交易平台的建设和运行,统一电子招标、投标文件数据标准,实现编制工具产生的电子招标、投标文件与本市建设工程监理电子招标投标交易系统(以下简称“监理招标交易系统”)之间交换和共享,制定本标准。

1.0.2 本标准适用于与监理招标交易系统进行数据交换的监理招标文件、投标文件等电子数据文件的编制。

1.0.3 本市建设工程监理电子数据文件均应采用可扩展标记语言(XML)文件格式编制,遵守本标准第 4 章的要求。

1.0.4 本市建设工程监理电子招标文件的电子数据内容除应符合本标准外,尚应符合国家、行业和本市现行有关标准的规定。

2 术　语

2.0.1 便携文档格式　portable document format，PDF

又称可移植文档格式，是一种用独立于应用程序、硬件、操作系统的方式呈现文档的文件格式。

2.0.2 工程监理　construction supervision

受项目建设单位委托，根据法律法规、工程建设标准、勘察设计文件及合同，在施工阶段对工程质量、进度、造价进行控制，对合同、信息进行管理，对工程建设相关方的关系进行协调，并履行工程安全生产管理法定职责的服务活动。

2.0.3 监理电子招标文件　construction supervision electronic bidding documents

招标人或招标代理机构编制的，符合本标准要求的，用于监理招标系统中招标公告发布、投标文件编制、开标和评标等活动的招标数据文件。

2.0.4 监理电子投标文件　construction supervision electronic tender documents

投标人编制的，符合本标准要求的，用于开标、评标等活动的投标数据文件。

2.0.5 可扩展标记语言　extensible markup language，XML

是一种标记语言。标记语言是使用一系列标记在计算机数字文档中进行文本描述的语言。XML 常用于数据的存储和传输。

2.0.6 XSD 语言　XML schema definition language

是一种 XML Schema 语言，它使用 XML 语言的词汇，为描述 XML 文件结构和约束 XML 文件内容提供了工具。XSD 语言应符合万维网联盟(W3C)标准《XML Schema Definition Language (XSD) 1.1 Part 1: Structures》和《XML Schema Definition Language (XSD) 1.1 Part 2: Datatypes》的规定。

2.0.7 XSD 文件 XSD file

是后缀名为“.xsd”的文件,用于定义 XML 文档中可以出现的元素(elements)和属性(attributes)。

2.0.8 ZIP 文件格式 ZIP file format

是一种数据压缩和文档储存的文件格式,使用“zip”为扩展名。

2.0.9 元素 element

XML 元素可以定义为 XML 的构建块。元素可以充当容器来保存文本、元素、属性或媒体对象等。每个 XML 文件都包含一个或多个元素,其范围由开始和结束标签界定;对于空元素,则由一个空元素标签界定。

2.0.10 属性 attribute

是 XML Schema 中定义的属性。XML 属性通常用于描述 XML 元素,或提供有关元素的信息。

2.0.11 8 位元 Unicode 传输格式 8-bit unicode transformation format, UTF-8

是针对 Unicode 的一种可变长度字符编码。

3 基本规定

3.0.1 本标准使用 XML1.0 版本，应采用 UTF-8 编码描述建设工程电子招标投标数据。

3.0.2 本标准的元素、属性名称命名应采用统一的中文命名。

3.0.3 本标准的数据格式由数据元素名称、说明、关系图、属性定义表、注等内容组成，除 XML 文件宜符合本标准中数据格式规定外，亦应符合下列规定：

1 XML 数据文件应以“〈?xml version＝"1.0" encoding＝"utf-8"?〉”字符串作为文件头，创建文档时，应采用 UTF-8 代码格式创建。

2 XML 定义的备注中写明参考数据字典的，应按照对应数据字典列出的内容规范填写。

3 PDF 格式文件应符合现行国家标准《文献管理　长期保存的电子文档文件格式　第 1 部分：PDF1.4（PDF/A-1）的使用》GB/T 23286.1 的要求。

4 在招标投标文件中上传的每张图片大小应限制在 250 KB 以内。

3.0.4 监理电子招标投标文件组成应符合招标投标监管部门发布的模板文件要求，文件格式应符合招标投标监管部门发布的结构与定义要求。

3.0.5 招标项目编号应为按规则形成的由数字和字母组成的招标项目唯一编号。

3.0.6 监理电子招标文件（文件夹）的组成与命名应符合下列规定：

1 监理电子招标文件应为一个采用 ZIP 格式压缩的数据文件，内容应包含监理电子招标 XML 数据文件、监理电子招标 PDF

正文、监理电子投标 XML 数据格式文件和附件 PDF 文件（如有）。监理电子招标文件（文件夹）的结构应符合图 3.0.6 的规定。

2 监理电子招标文件的文件名命名规则应为“招标项目编号”＋“ZB”，扩展名为“FZB”。

3 监理电子招标 XML 数据文件的文件名应为“招标项目编号”＋“ZB”，扩展名为“xml”。

4 招标人应按照现行的上海市建设工程监理电子招标应用文本编制监理电子招标 PDF 正文。监理电子招标 PDF 正文的文件名应为“招标项目编号”＋“ZB”，扩展名为“pdf”。

5 监理电子投标 XML 数据格式文件是由招标人通过编制工具形成的、需由投标人响应的初始数据文件。监理电子投标 XML 数据格式文件的文件名应为“招标项目编号”＋“TBGS”，扩展名为“xml”。

6 附件 PDF 文件是指招标人根据招标需要提供发布的 PDF 格式的图纸等附件资料文件。招标人可提供多个不同的附件 PDF 文件。监理电子招标 XML 文件中应记录所有附件 PDF 文件的名称及路径。附件 PDF 文件的文件名由招标人自行命名，命名应能体现文件的内容和用途，扩展名为“pdf”。

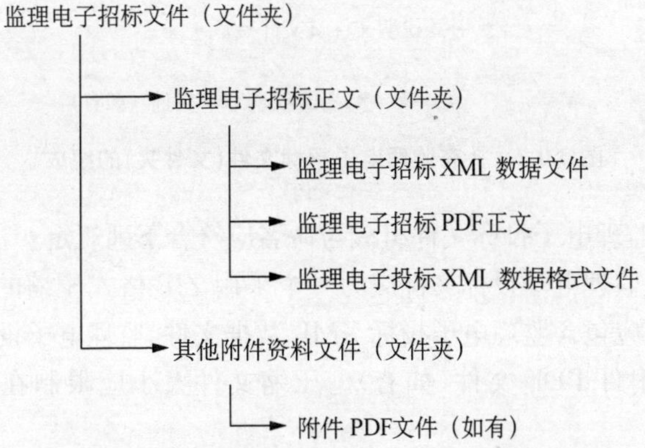

图 3.0.6 监理电子招标文件（文件夹）的组成

3.0.7 补充监理电子招标文件组成与命名应符合下列规定：

1 补充监理电子招标文件应为一个采用 ZIP 格式压缩的数据文件，内容应包含已补正的监理电子招标文件，以及增加的补正说明 PDF 文件。

2 补充监理电子招标文件的文件名命名规则应为“招标项目编号”+“ZB”，扩展名为“FZB”。

3 补正说明 PDF 文件是列明招标人对于监理电子招标 PDF 正文补正内容的文件。

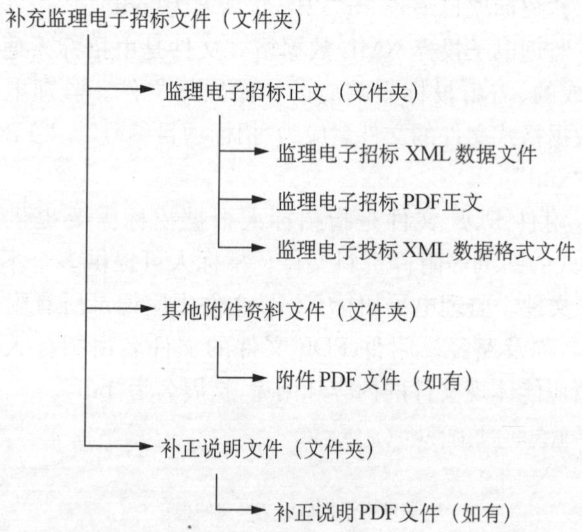

图 3.0.7 补充监理电子招标文件(文件夹)的组成

3.0.8 监理电子投标文件组成与命名应符合下列规定：

1 监理电子投标文件应为一个采用 ZIP 格式压缩的数据文件，内容应包含监理电子投标 XML 数据文件、监理电子投标 PDF 正文和附件 PDF 文件(如有)。压缩文件大小应限制在 50 MB 以内。

2 监理电子投标文件的文件名命名规则应为“招标项目编

号”+“TB”,扩展名为“FTB”。

3 监理电子投标 XML 数据文件是 XML 格式的监理投标数据文件。监理电子投标 XML 数据文件的文件名应为“招标项目编号”+“TB”,扩展名为“xml”。

4 编制工具应按照现行的上海市建设工程监理电子投标应用文本编制监理电子投标 PDF 正文。监理电子投标 PDF 正文的文件名应为“招标项目编号”+“TB”,扩展名为“pdf”,PDF 文件大小应限制在 50 MB 以内。

5 附件 PDF 文件是指投标人编制投标文件需要提供的附件资料 PDF 文件。可以有多个附件资料 PDF 文件。监理电子投标 XML 文件中应记录所有附件 PDF 文件的名称及路径。文件名由投标人自行命名,命名应能体现文件的内容和用途,扩展名为“pdf”。

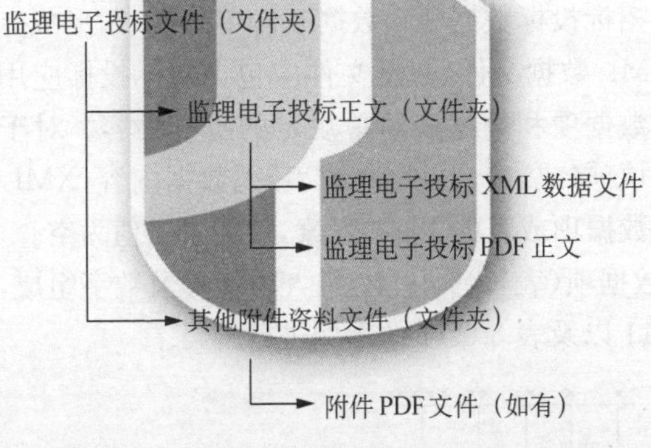

图 3.0.8 监理电子投标文件(文件夹)的组成

3.0.9 上海市建设工程监理电子招标投标所有文件版本号应符合下列规定:

1 上海市建设工程监理电子招标投标数据文件标准 XSD 文件的版本号编制的基本格式应为“VerX.X-YYYY”,其中“VerX.X”为 XSD 结构版本顺序码;“YYYY”为发布年份。本版标准发布时 XSD 文件初始版本号为“Ver2.0-2020”。

2　上海市建设工程监理电子招标投标应用文本模板文件的版本号编制的基本格式应为“F-XX-VerX-YYYY”，其中“F”为招标类型编码，表示监理；在监理电子招标投标中，“XX”的值固定为01；“VerX”为同一招标类型文本标准的版本顺序码；“YYYY”为发布年份。上海市建设工程监理电子招标投标应用文本模板初始版本号为“F-01-Ver1-2020”。

3　上海市建设工程监理电子招标投标文件数据标准的版本号编制的基本格式应为“F-VerM.N-YYYY”，其中“F”为招标类型编码，表示监理。“VerM.N”为同一招标类型文本标准的版本顺序码。若新增监理电子招标投标工程类型章节，则为M号加1，若未新增监理电子招标投标类型章节，则为N号加1；“YYYY”为发布年份。本版标准发布时初始版本号为“F-Ver2.0-2020”。

3.0.10　编制工具应依据监理电子招标投标数据文件标准XSD文件以及招标投标数据项和数据表清单的要求，形成完整的招标和投标XML数据文件，数据文件应包含招标投标应用文本模板所对应的数据项和数据表清单规定的所有内容。对于清单中定义的非必填项（或表），若该项（或表）无数据内容，XML数据文件应包含该数据项或表的XML元素，该元素的值为空。

3.0.11　数据项（表）代码由10位大写字母及数字组成，结构应按照图3.0.11以及表3.0.11的示例进行编码。

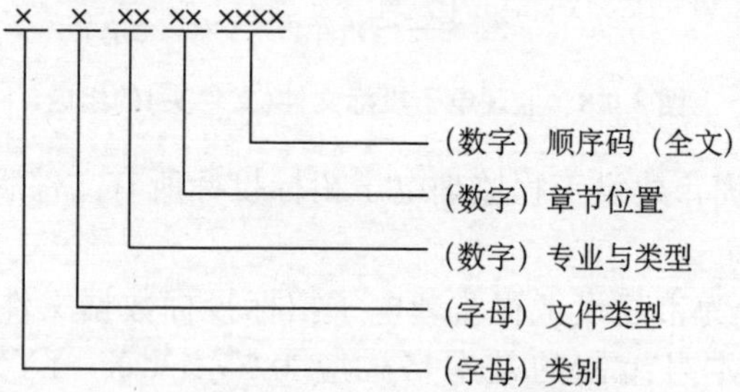

图3.0.11　数据项（表）代码示意图

表 3.0.11 数据项(表)代码示意表

数据项(表)代码					各项名称及含义	说明
类别	文件类型	专业与类型	章节位置	顺序码		
F					监理	A:勘察;B:设计;C:施工;F:监理
	Z				招标	Z:招标;T:投标;P:评标办法
		01			工程监理	这里 01 为固定值,表示工程监理
			02		第 2 章	00:封面,01:第一章,02:第二章……
				0001	顺序码	顺序码从 0001 开始

3.0.12 招标投标 PDF 文件文档目录的结构应与应用文本的目录结构一致。该 PDF 文档中的目录应以书签形式添加,并且与 PDF 正文中对应的页码建立关系,目录中的各项内容应与应用文本目录中的各项内容保持一致。

3.0.13 数据项的数据类型应符合 XSD 语言的规定。

4　监理电子招标投标文件要求

4.1　监理电子招标投标文件

4.1.1　根元素“监理电子招标投标文件”的属性中，XSD版本号、标准文本版本号、应用文本版本号、软件公司名称、CPU序列号、网卡MAC号、硬盘序列号、文件生成时间、文件类型、招标类型应为必填项，子元素中正文应为必填项，元素定义应符合表4.1.1的规定。图4.1.1为监理电子招标投标XML数据文件中子元素之间的关系示意图。

表4.1.1　监理电子招标投标文件子元素说明

序号	名称	元素类型	数据类型	唯一	必填	长度	备注
1	XSD版本号	Attribute	string		必填	20	详见3.0.9定义
2	标准文本版本号	Attribute	string		必填	20	该项为数据标准的版本号。 详见3.0.9定义
3	应用文本版本号	Attribute	string		必填	20	详见3.0.9定义
4	软件公司名称	Attribute	string		必填	100	
5	CPU序列号	Attribute	string		必填	500	
6	网卡MAC号	Attribute	string		必填	500	
7	硬盘序列号	Attribute	string		必填	500	
8	文件生成时间	Attribute	dateTime		必填		YYYY-MM-DDThh:mm:ss
9	文件类型	Attribute	string		必填	20	枚举:招标、投标

续表4.1.1

序号	名称	元素类型	数据类型	唯一	必填	长度	备注
10	招标类型	Attribute	string		必填	20	枚举：勘察、设计、施工、监理
11	正文	Element			必填		

注：空白处不作要求。

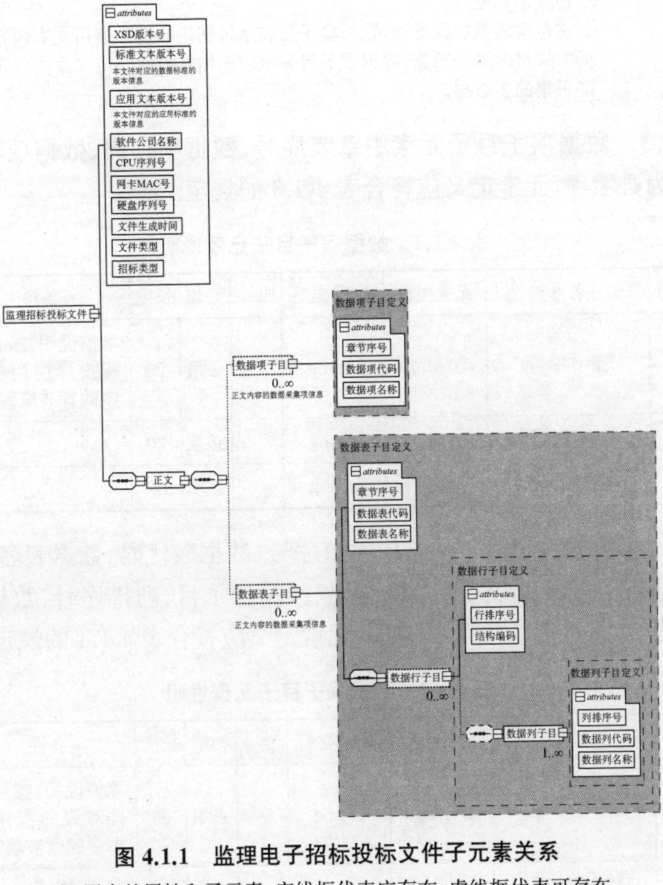

图 4.1.1 监理电子招标投标文件子元素关系

注：图中的属性和子元素，实线框代表应存在，虚线框代表可存在。

4.1.2 正文子元素中数据项子目以及数据表子目应为必填项，元素定义应符合表 4.1.2 的规定。

表 4.1.2 正文子元素说明

序号	名称	元素类型	数据类型	唯一	必填	长度	备注
1	数据项子目	Element			必填		
2	数据表子目	Element			必填		

注：1 空白处不作要求。

2 正文包含两类数据类型，数据项子目表示依据招标投标应用文本内容定义的需采集的单一数据，数据表子目表示依据招标投标应用文本内容定义的需采集的表数据。

4.1.3 数据项子目子元素中章节序号、数据项代码、数据项名称应为必填项，元素定义应符合表 4.1.3 的规定。

表 4.1.3 数据项子目子元素说明

序号	名称	元素类型	数据类型	唯一	必填	长度	备注
1	章节序号	Attribute	string		必填	20	填值说明：按照招标投标应用文本中的章节填写
2	数据项代码	Attribute	string		必填	20	
3	数据项名称	Attribute	string		必填	100	

4.1.4 数据表子目子元素中章节序号、数据表代码、数据表名称、数据行子目、行排序号、结构编码、数据列子目、列排序号、数据列代码、数据列名称应为必填项，元素定义应符合表 4.1.4 的规定。

表 4.1.4 数据表子目子元素说明

序号	名称	元素类型	数据类型	唯一	必填	长度	备注
1	章节序号	Attribute	string		必填	20	填值说明：按照标准对应的应用文本中的章节填写
2	数据表代码	Attribute	string		必填	20	

续表4.1.4

序号	名称	元素类型	数据类型	唯一	必填	长度	备注
3	数据表名称	Attribute	string		必填	100	
4	数据行子目	Element			必填		
5	行排序号	Attribute	int	是	必填		填值说明:同一数据表子目下的行的顺序号,从1开始编制
6	结构编码	Attribute	string	是	必填	20	填值说明:同一数据表子目数据表现为树形结构时的结构编码行,编制规则为3位长度为一层。如:行的结构编码为“001”“001001”“001002”“002”,“001”与“002”为同层行,“001001”与“001002”为“001”的子行
7	数据列子目	Element			必填		
8	列排序号	Attribute	int	是	必填		填值说明:同一数据行子目下的列的顺序号,按照各表所列排序号填写
9	数据列代码	Attribute	string	是	必填	20	填值说明:按照各表所列数据列代码填写,与数据列名称保持一致
10	数据列名称	Attribute	string	是	必填	100	填值说明:按照各表所列数据列名称填写,与数据列代码保持一致

4.1.5 监理电子招标投标文件数据项和数据表清单应符合附录 B 中的规定。

4.2 监理评标办法文件

4.2.1 监理评标办法文件 XSD 定义应符合本标准第 4.1.2 条的内容，包含数据项子目和数据表子目。图 4.2.1 为监理评标办法 XML 数据文件中子元素之间的关系示意图。

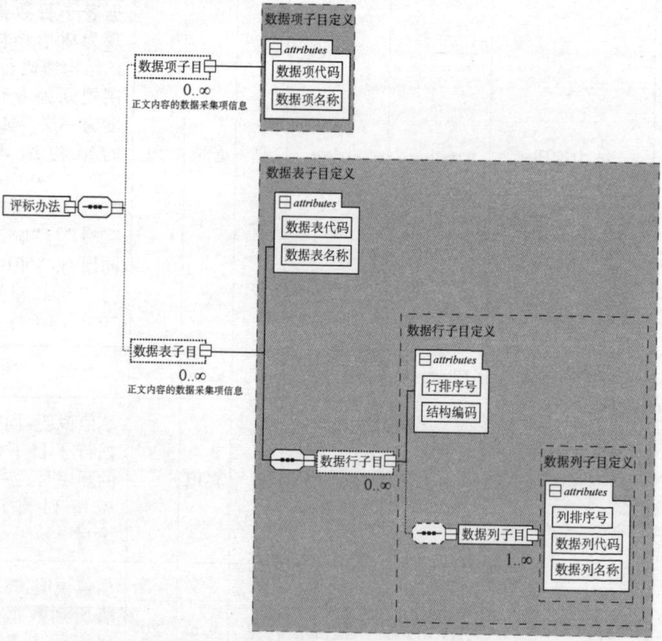

图 4.2.1 监理评标办法文件子元素关系

注：图中的属性和子元素，实线框代表应存在，虚线框代表可存在。

4.2.2 数据项和数据表清单应符合附录 B 中上海市建设工程监理电子招标文件中评标办法文本生成说明及数据标准中的规定。

4.3 文件应用规则

4.3.1 监理电子招标 PDF 正文应与监理电子招标 XML 数据文件中对应内容保持一致。

4.3.2 招标文件如有补正,应发布补充监理电子招标文件。补充监理电子招标文件应包括已补正的完整监理电子招标文件及补正内容说明,补正内容说明存放在补正说明文件夹中。

4.3.3 监理电子投标 PDF 正文应与监理电子投标 XML 数据文件中对应内容保持一致。

本标准用词说明

1 为便于在执行本标准条文时区别对待，对要求严格程度不同的用词说明如下：

1） 表示很严格，非这样做不可的用词：
正面词采用“必须”；
反面词采用“严禁”。

2） 表示严格，在正常情况下均应这样做的用词：
正面词采用“应”；
反面词采用“不应”或“不得”。

3） 表示允许稍有选择，在条件许可时首先应这样做的用词：
正面词采用“宜”；
反面词采用“不宜”。

4） 表示有选择，在一定条件下可以这样做的用词，采用“可”。

2 条文中指明应按其他有关标准执行的写法为：“应符合……的规定”或“应按……执行”。

引用标准名录

1 《文献管理　长期保存的电子文档文件格式　第1部分：PDF1.4(PDF/A-1)的使用》GB/T 23286.1

上海市工程建设规范

建设工程电子招标投标文件数据标准
（工程监理分册）

DG/TJ 08—2375D—2021
J 16043—2021

条 文 说 明

2022 上海

1 总 则

1.0.1 本条阐述了制定本标准的目的和意义:规范建设工程监理招标投标电子数据格式,统一不同电子招标投标文件编制工具的数据输出形式及内容定义,倡导信息公开、数据共享、营造公平开放市场,提高交易服务水平和效率,促进监理电子招标投标数据的积累、共享、交换等应用。

1.0.2 本条阐述了本标准的适用范围:编制监理电子招标文件和投标文件等文件的行为应依据本标准。

1.0.4 电子招标投标活动除应符合国家、行业及本市现行有关标准的规定外,也必须符合法律、法规、规章和相关规范性文件要求,包括但不限于:《中华人民共和国招标投标法》《中华人民共和国招标投标法实施条例》《电子招标投标办法》及《上海市建设工程招标投标管理办法》等。

3 基本规定

3.0.1～3.0.3 对XML的编码要求、数据项的命名以及XML数据格式进行了规定。

3.0.4 对本市监理电子招标投标文件组成进行了规定。监理招标投标应使用相应的招标应用文本和投标应用文本作为招标文件和投标文件的模板。

3.0.5 对项目编码规则进行了规定。规则为"报建编号"+"标段号"。例:报建编号为"1501KQ0008",标段为"F01",招标项目编号为"1501KQ0008F01"。

3.0.6 对本市监理电子招标文件(文件夹)的组成进行了规定。监理电子招标XML数据文件和监理电子投标XML数据格式文件应以"附录A上海市建设工程监理电子招标投标XML数据文件标准.xsd"形成的XML文件为模板进行编制,文件格式应符合"附录A上海市建设工程监理电子招标投标XML数据文件标准.xsd"的结构和定义。本条还对本市监理电子招标文件的命名规则进行了规定。例:如果招标项目编号为"1501KQ0008F01",那么监理电子招标文件名应为"1501KQ0008F01ZB.FZB",监理电子招标XML数据文件的文件名应为"1501KQ0008F01ZB.xml",监理电子招标PDF文件的文件名应为"1501KQ0008F01ZB.pdf",监理电子投标XML数据格式文件的文件名应为"1501KQ0008F01TBGS.xml";附件PDF文件资料若为项目总平面图,那么其文件名应为"总平面图.pdf",文件路径应为"其他附件资料文件\总平面图.pdf"。

3.0.7 对本市补充监理电子招标文件(文件夹)的组成进行了规定,并规定了补充文件的命名规则。例:如果招标项目编号为"1501KQ0008F01",那么补充监理电子招标文件的文件名应为

"1501KQ0008F01ZB.FZB";如果补正说明 PDF 文件的文件名为"第一次补充招标文件说明.pdf",那么文件路径应为"补正说明文件\第一次补充招标文件说明.pdf"。

3.0.8 对本市监理电子投标文件(文件夹)的组成进行了规定。监理电子投标 XML 数据文件应以监理电子招标文件(及补充监理电子招标文件)中的"监理电子投标 XML 数据格式文件"(如:1501KQ0008F01TBGS.xml)为模板进行编制,文件格式应符合"附录 A 上海市建设工程监理电子招标投标 XML 数据文件标准.xsd"的结构和定义。监理电子投标 PDF 正文应符合相应的监理电子投标应用文本的格式要求。本条还对本市监理电子投标文件的命名规则进行了规定。例:如果招标项目编号为"1501KQ0008F01",那么监理电子投标文件名应为"1501KQ0008F01TB.FTB",监理电子投标 XML 数据文件的文件名应为"1501KQ0008F01TB.xml",监理电子投标 PDF 文件的文件名应为"1501KQ0008F01TB.pdf";附件 PDF 文件资料若为项目现场平面布置图,那么其文件名应为"现场平面布置图.pdf";文件路径应为"其他附件资料文件\现场平面布置图.pdf"。

4 监理电子招标投标文件要求

4.3 文件应用规则

4.3.3 如监理电子招标 PDF 正文、监理电子投标 PDF 正文与其对应的 XML 数据文件不一致,以 XML 数据文件为准。